北京果树品种及病虫害防治技术

高世吉　编著

中国农业大学出版社

北京

图书在版编目(CIP)数据

北京果树品种及病虫害防治技术/高世吉编著 . —北京:中国农业大学出版社,2012.7

ISBN 978-7-5655-0556-0

Ⅰ.①北… Ⅱ.①高… Ⅲ.①果树-品种②果树-病虫害防治

Ⅳ.①S660.2②S436.6

中国版本图书馆 CIP 数据核字(2012)第 121588 号

书　　名	北京果树品种及病虫害防治技术		
作　　者	高世吉　编著		

策划编辑	姚慧敏　伍　斌	责任编辑	韩元凤
封面设计	郑　川	责任校对	王晓凤　陈　莹
出版发行	中国农业大学出版社		
社　　址	北京市海淀区圆明园西路 2 号	邮政编码	100193
电　　话	发行部 010-62818525,8625	读者服务部	010-62732336
	编辑部 010-62732617,2618	出 版 部	010-62733440
网　　址	http://www.cau.edu.cn/caup	e-mail	cbsszs@cau.edu.cn
经　　销	新华书店		
印　　刷	北京时代华都印刷有限公司		
版　　次	2012 年 7 月第 1 版　　2012 年 7 月第 1 次印刷		
规　　格	850×1168　　32 开本　　6.75 印张　　148 千字		
印　　数	1～1 500		
定　　价	13.00 元		

图书如有质量问题本社发行部负责调换

内 容 简 介

　　本书的编写旨在为适应北京大都市果品形势的发展，普及和推广近年来北京地区果品生产中病虫害防治新技术，加强果品生产者对果品品种选择、病虫害防治技术的针对性、实用性、可操作性的指导和把握。因此，全书重点介绍了北京地区果品发展状况；北京各主要区县果品发展情况；北京地区主要果品品种及特性；北京地区主要果品病虫害诊断技术、为害特点、发生规律及综合防治技术。根据北京地区自然条件制定了各种果品病虫害周年防治历。介绍了无公害果品果实的卫生指标、绿色果品果实的卫生指标、北京地区果品主要品种果实品质的等级指标。在果品病虫害防治上突出了安全、环保、绿色。

　　本书突出北京大都市果品发展的特点，内容先进科学、简明实用、指导性强，可供从事果品生产的技术人员、管理人员及生产一线农民朋友学习使用。

前　言

随着北京都市型现代农业的不断发展,农业结构已发生重大变化。据北京市园林绿化局统计,到 2008 年,全市果树面积已经发展到 16.4 万 hm²,果品年产量突破 90 万 t,年产值达到 28 亿元,果农户均果品收入达到 7 000 多元。其中包括苹果、梨、桃、葡萄、板栗、核桃等常见果树。

2008 年,市郊果园共接待游客 779 万人次,采摘直接收入 3.9 亿元,比上年增长 21.8%。郊区已开放观光果园 800 余个,面积 35 万亩,采摘果品总量达 4 572 万 kg。

如今在北京市 120 万户农民中,已有近 30 万户从事果品生产经营。仅以大桃为例,北京市现有桃树栽培面积 47 万亩。其中,平谷区栽培面积最大,为 21.3 万亩,约占北京市桃栽培总面积的一半(45%),是华北地区最大的桃生产基地。其次为大兴区,约 10 万亩,占 21%。目前,北京市 14 个区县都有桃树种植,年产量 3.9 亿 kg,产值 8.3 亿元,从事桃树种植的农户约 8 万户。北京未来将建设 1 000 个不同类型的观光果园。

因此,对果品产品要求越来越高,人民迫切希望能采摘和买到无污染、无农药残留的安全产品。要想获得安全果品应从源头抓起,抓住生产的环节,很重要的是病虫害的防治问题。

本书收集了果品病虫害防治的新成果,结合安全、绿色食品的生产实践,在果品病虫害防治中加强了农业防治和生物防治的内容,采用生物和低毒高效农药,在病虫害防治上突出了安全、环保、绿色。

　　本书主要介绍了北京地区果品发展状况;北京各区县果品发展情况;介绍北京地区主要果品品种种类及特性,北京地区主要果品病虫害诊断技术、为害特点、发生规律及综合防治技术。综合防治技术包括农业、物理、生物和化学防治措施的综合协调技术。针对每类果品制定了病虫害周年防治历。同时介绍了无公害果品果实的卫生指标、绿色果品果实的卫生指标、北京地区果品主要品种果实品质的等级指标。

　　本书内容先进科学、简明实用、指导性强,可供从事果品生产的技术人员、管理人员及生产一线农民朋友学习使用。

　　由于编者水平所限,本书难免有不妥之处,敬请广大读者提出意见。

编　者

2011 年 12 月

目　录

一、概　　况

（一）北京地区果品发展状况

北京是我国首都,是全国政治、文化中心。北、西两面有燕山和太行山山地,东南为华北平原。北京市总面积 1 680 km²,其中山地占 62%,平原占 38%。截止到 2010 年全市总人口 1 170.5 万人,其中农业人口 373.4 万人,占 31.9%;城市人口 797.1 万人,占 68.1%。另外还有流动人口 300 万人。是全国特大城市之一。因此,经济发展必须与环境保护相协调,走可持续发展的道路。在京郊以及城区空地发展都市农业,加大科技和生产设施的投入,大力发展特色农业、精品农业和观光农业等。

果品产业是京郊发展历史悠久的一项产业,果树成了京郊农民致富的"摇钱树"。到 2008 年,全市果树面积已经发展到 16.4 万 hm²,果品年产量突破 90 万 t,年产值达到 28 亿元,果农户均果品收入达到 7 000 多元。果品产业注重提质增效,积极发展一区一品,昌平的苹果、平谷的大桃、大兴的梨、怀柔和密云的板栗已经享誉中外。

果品产业发展带动都市农业发展。都市农业是把城区与郊区,农业和旅游,第一产业、第二产业和第三产业结合在一起的新型交叉产业,它主要是利用农业资源、农业景观吸引游客前来观光、品尝、体验、娱乐、购物等一种文化性强、大自然情趣浓的新的农业生产方式,体现了"城郊合一"、"农游合一"的基本特点和发展方向。这样可以充分利用农业资源,促进农业结构优化调整,提高农业生产效益,打通农副产品销售渠道,提高当地农业产品的知名度。

2008年,市郊果园共接待游客779万人次,采摘直接收入3.9亿元,比上年增长21.8%。郊区已开放观光果园800余个,面积35万亩,采摘果品总量达4 572万kg。北京未来将建设1 000个不同类型的观光果园。

(二)北京各主要区县果品发展情况

1. 房山区

房山区政府自2000年确定磨盘柿、优质梨、早实类核桃三大果树为主导产业以来,三大果树逐渐呈现出对全区果树的带动作用。2007年房山区林果科技服务中心聘请北京五洲恒通认证公司的专家对房山区申请有机认证的大峪沟村的有机柿子园、窦店金绿园的有机梨园、北甘池的有机核桃园、上石堡的有机核桃园的相关人员进行了技术培训,四个果园有机生产面积达到3 500亩,逐渐改变传统的栽培管理模式,通过施用有机肥、果实套袋、喷施生物农药等措施,发展优质的有机果品生产。

"十五"期间,房山区形成了以山区优质核桃、丘陵浅山区磨盘柿和永定河沿岸以黄金梨为主的优质梨的三大果品产业带,从而带动了全区林果产业的快速发展。2009年,全区果品产量达到8.8万t,向香港出口黄金梨1.5万kg;获得了磨盘柿原产地保护证明商标。

2. 怀柔区

怀柔区强化四种意识推进果品产业高水平发展:一是强化品牌意识。挖掘和整合怀柔果品文化,通过品牌保护、注册和宣传及举办果品文化节等方式加大宣传力度,重点面向拥有上千万高消费群体的首都市场,打造品牌果业。二是强化标准化意识。狠抓市、区两级标准化生产示范基地建设,注重在生产过程中要实施标准化生产、规范化管理,以点带面,提高全区果品产业管理水平。三是强化质量认证意识。通过建设无公害、绿色和有机果品示范基地,加强培训和宣传力度,改变果农认识,全面推进质量认证进程,力争 2010 年全区所有果园达到无公害标准,20% 以上达到绿色和有机标准。四是强化精品化意识。以果树为材料,按园林手法打造集精品生产、休闲、游乐、科普、采摘、体验等功能为一体的公园式果园,突出果园个性。同时,大力发展矮化、密植、早产、丰收、抗病的优良品种以及设施果树、盆栽果树。

2009 年,全区果品产量达到 5 628.8 万 kg,实现产值 2.7 亿元。其中:以板栗、核桃为主的干果产量达到 1 960.12 万 kg,实现产值 17 499 万元;以常规果品苹果、梨、桃和新发展果品大枣为主的鲜果产量达到 3 668.6 万 kg,实现产值 9 764.8 万元。

3. 密云区

密云区在石城镇西湾子、高岭镇上甸子、新城子镇蔡家甸、穆家峪镇等建立果品基地 22 个、4.5 万亩有机果品基地,扩大有机果品生产规模,2009 年上半年新建有机果园 8 个、面积 8 000 亩,使全县有机果品基地达到 29 个、5.3 万亩。建设观光果园。在穆家峪镇庄头峪村建立杏主题果园,改接杏果树品种达到 150 个;在不老屯、新城子、太师屯、北庄、大城子等镇栽植以梨为主的特色观光果园,面积达到 1 610 亩,引进 103 个梨品种;在溪翁庄镇立新村建立樱桃主题果园,引进优新品种 8 个,栽植面积 200 亩。

4. 昌平区

全区现有板栗种植面积 4.5 万亩、约 150 万株。2006 年全区板栗产量 140 余万 kg,产值 1 400 余万元。板栗种植主要分布在长陵镇黑山寨和兴寿镇上庄、下庄等山区。当地具有独特的麦饭石结构花岗岩土壤,土层深厚肥沃,极适于优质板栗的生长。昌平区充分利用地域优势,发展板栗生产,通过多年的高接换优、科学种植,选育成功了燕红、燕昌等优良糯性主栽品种,并得到推广。昌平的燕山红栗品系果个中等,平均单果重 8.9 g,果皮毛少,棕红或红褐色,色泽光亮,果肉细密,味较香甜,富糯性,营养丰富,深受国内外消费者青睐。

5. 平谷区

平谷区是北京市主要的农副产品生产基地之一。以大桃为主的果树面积发展到 35 万亩,设施大桃面积 8 000 亩,果品总产量达到 1.6 亿 kg,其中大桃产量 1.2 亿 kg,荣获中国果品学会授予的"中国桃乡"称号。每年平谷区都有 150 多万 kg 干鲜果品和近 6 000 t 的果品加工产品销往国外。

6. 顺义区

目前,全区果树面积达到了 13 万亩,年果品总产量 6 500 万 kg,总产值 1.8 亿元,从业果农数 1.5 万人。主要栽培树种有梨、葡萄、苹果、桃、鲜枣、李、樱桃等。引进名特优新稀品种上百个,主导产业梨和葡萄重点发展了黄金、丰水、大果水晶、新世纪、黄冠、绿宝石、礼王、帝王、鲜黄、满丰、红提、美人指、蜂后、信农乐、无核红宝石等优新品种,目前全区良种覆盖率达到 90%。推广应用先进成熟适用技术成果 50 多项,平均年增加经济效益 2 000 余万元。

(三)北京地区主要果品品种及特性

1. 苹果品种

(1)藤牧一号　短圆锥形,底黄绿覆红霞和宽条纹;平均单果重180～200 g;7月中旬至8月上旬成熟。结果早,较丰产,采前落果,成熟不一致。

(2)嘎富　日本品种。7月中旬成熟,平均单果重230 g,果面鲜红色,肉质脆嫩,甘甜爽口,无采前落果现象,抗病、丰产,属极早熟优良品种。

(3)美国八号　美国品种。果实近圆形,平均单果重190 g;果面光洁无锈,底色乳黄,着鲜红色霞;果肉黄白,肉质细脆多汁,酸甜适口,可溶性固形物含量14%;8月上旬成熟。

(4)意大利早红　平均单果重223 g,果实近圆锥形;底色绿黄,全面或多半面鲜红色,果面光洁、有光泽;肉质细、松脆汁多,风味酸甜适度、有香气;8月10日成熟。

(5)玫瑰红　山东果树研究所育成。果实圆锥形,果实浓红。平均单果重200 g,果肉乳白色,细脆多汁,风味甜香,可溶性固形物含量13%。果实9月下旬成熟。

(6)乔那金　果实圆锥形,底色黄绿覆鲜红霞;平均单果重220～250 g;果实9月底成熟;易成花,丰产,采前有落果现象,为三倍体品种。

(7)华冠　郑州中国农业科学院果树研究所育成。果实圆锥形,平均单果重180 g;果实底色绿黄,多半鲜红色;果肉淡黄色,松脆多汁,风味甜微酸;9月下旬成熟。

(8)金冠　果实圆锥形,果面金黄色;平均单果重200 g;果实9月底成熟;早果丰产;耐贮藏;易生锈果、易皱皮。

(9)红玉　美国品种。果实近圆形或扁圆形,单果重165～210 g。果面底色黄绿,着色良好者全面呈浓红色,颇美观。果肉黄白色,肉质致密而脆,果汁多,初采时酸味大,味浓厚,有清香味。贮藏后果肉变成浅黄色,酸甜适口,香气浓郁,风味甚佳。含总糖 14.9%,糖酸比 15.95,品质上等。果实较耐贮藏,贮藏半个月以上为最佳食用期。果实发育期 120 d,9 月上中旬成熟。

(10)富士　日本品种。果实近圆形,果实底色黄绿、条红或浓红,平均单果重 250 g,果肉黄白,质脆多汁,味甜,含可溶性固形物 15%。10 月中下旬成熟。

(11)王林　日本品种。果实长圆形,果实黄绿色,平均单果重 250 g,果肉黄白,质脆多汁,味甜,含可溶性固形物 15%。10 月中下旬成熟。果锈少,不皱皮。

2. 梨品种

(1)水晶梨　韩国品种。果实近圆形,平均果重 385 g,最大 560 g,纵径 10.2 cm,横径 9.5 cm,果实生长前期为深绿色,成熟前 20 d 左右逐渐变成乳黄色,表面晶莹光亮,有透明感,外观诱人,果柄长而粗;果肉白色,肉质细腻,致密嫩脆,汁液多,含糖量高于新高,可溶性固形物含量14.3%,石细胞极少,果心小,味蜜甜,香味浓郁,品质特优。

(2)绿宝石　绿宝石又名中梨一号,是中国农业科学院郑州果树研究所用新世纪×早酥杂交育成。果实近圆形,单果重 230 g,最大单果重 510 g,果皮绿色,果面光滑,果点中大稀少,套袋后为黄白色,表面晶莹光亮;果肉乳白色,肉质细脆,甘甜可口,有香味,可溶性固形物 15.2%,最高 18%。

(3)黄金梨系　果实呈圆形稍扁,平均单果重 250 g,最大单果重 500 g,果形指数 0.9。不套袋果果皮黄绿色,贮藏后为金黄色,故称之黄金梨。套袋果果皮白黄色,果面洁净,果点小而稀。表面有透明感,外观诱人;果肉白色,肉质致密细腻,果汁丰沛,酸甜可口,风味极佳。果心特别小,可食率达 98%,套袋果可溶性固形物含量 12%~15%,不套袋果为 14%~16%。9 月上中旬成熟。耐贮藏,在 1~5℃条件下可贮藏 5 个月。

(4)南水梨 果个大,扁圆形,少数圆形,端正。平均单果重 360 g,最大可超过 500 g。果皮褐色,套袋果黄褐色,果面洁净光滑、鲜艳美观。果肉白色,肉质细腻,汁多、甜味浓少酸,风味好。可溶性固形物含量 14.6%。果实 8 月 20 日可采摘,成熟为 8 月底至 9 月初。生长发育期 160 d。

(5)京白梨 果实呈扁球形,单果重 75~117 g;京白梨的含糖量较高,为 10.81%,含酸量 0.34%。成熟于 8 月中旬,成熟后果皮为黄白色,光滑皮薄,果肉色白,酸甜适口,果肉中含石细胞少,品质极佳,是北京地区的特色水果之一,深受消费者欢迎。

(6)八月酥梨 八月酥梨是中国农业科学院郑州果树所 1979 年以栖霞大香水梨与郑州鹅梨杂交培育的优良品种,果实成熟期为 8 月中旬。八月酥果实圆整,平均单果重 290 g,最大达 562 g,果皮淡黄绿色,果点较小、中密,果面光滑洁净,蜡质厚。果肉乳白色,肉质致密,爽脆无渣,汁液多,风味浓甜,微酸,具有香气,品质上等。耐贮运,在室内可贮至翌年 5 月初。但随贮期延长,风味变淡。

(7)鸭梨 该品种树势健壮,树皮暗灰褐色,一年生枝黄褐色,多年生枝红褐色,成枝率低。叶片广卵圆形,先端渐尖或突尖,基部圆形或广圆形,果实外形美观,梨梗部突起,状似鸭头。9 月下旬至 10 月上旬收获,初呈黄绿色,风味独特,营养丰富。主要特点是果实中大,一般单果重175 g,最大者400 g。皮薄核小,汁多无渣,酸甜适中,清香绵长,脆而不腻,素有"天生甘露"之称。内含丰富的维生素C和钙、磷、铁等矿物质,在维生素B族中堪称佼佼者。含糖量高达12%以上,可贮藏保鲜5~6个月。

(8)雪花梨 果实长卵圆形或长圆形。果实大型,一般单果重250~300 g,大果重1 000 g以上。梗洼浅,有少量锈斑,萼片脱落,萼洼深广。果皮厚,绿黄色,果面稍粗,果点小,贮后果皮金黄色,具蜡质光泽,外形美观。果心较小,果肉白色,质硬脆,稍粗,汁液中多,味甜,含可溶性固形物12%,微香,品质上。鲁西北、冀中南9月上中旬成熟,耐贮运,一般可贮存至次年2~3月份。

(9)秋白梨 果实中大,平均150 g。长圆或椭圆形。果皮黄色,有蜡质光泽,皮较厚。果点小而密,脱萼。果肉白色,质细而脆,汁多,味浓甜,无香味,果心小。9月末成熟,极耐贮藏,可贮存至翌年5~6月。

(10)早酥梨 果大,重200~250 g,倒卵形,顶部突出,常具明显棱沟,绿黄色。果肉白色,质细脆酥,汁多甜味而爽口,品质中上,8月中旬成熟,不耐贮藏。栽后5年结果。适应性广,抗寒力强,抗黑星病、食心虫,对白粉病抵抗力差。

(11)安梨 果实近圆形,平均单果重125 g,最大单果重250 g左右。果点大而明显。可溶性固形物含量为15%,有机酸含量达1%,酸甜适口,果汁多,果肉石细胞含量高,9月下旬成熟,采期为绿黄色,采后即可食用。极耐贮藏,贮后为金黄色,风味独特,品质更佳,为本品种特有,鲜食加工均宜。

(12)黄冠梨 果实椭圆形,个大,平均单果重235 g,最大单果重 360 g,成熟时果皮黄色,果面光洁,果点小,无锈斑,外观酷似金冠苹果故而得名。果肉洁白,肉质细腻,石细胞及残渣少,松脆多汁,风味酸甜适口,并具浓郁香味,品质上。果实 8 月上中旬成熟,较耐贮藏,在冷藏条件下可贮至翌年 1 月。

(13)爱甘水梨　日本引入。果实圆形或扁圆形,黄褐色,平均单果重 400 g,皮薄有光泽,肉质细腻,汁多,品质上,可溶性固性物含量 14%左右,8 月上旬成熟。幼茎细、硬,有绒毛。叶片主经脉紫红色,上披白色绒毛,叶锯齿细小,正在生长的顶端幼叶鲜紫红色,光亮。

(14)丰水梨　日本品种,b-14(菊水×八云)×八云杂交育成的中熟赤梨,该品种果实近圆形,平均单果重 350 g,最大果重 750 g;成熟时果皮锈褐色,阳面略带红褐色;果肉白色,柔软多汁,可溶性固形物 13%左右,品质极上;果实 8 月下旬至 9 月上旬成熟。该品种适应性强,抗旱、耐寒,对黑星病、轮纹病抵抗力强,自花结实率高,果实极耐贮存。

3. 桃品种

(1)大久保　日本冈山县大久保重五郎于 1920 年发现的偶然实生单株,1927 年命名,20 世纪 50 年代引入山东省。属南方桃品种群。

果实近圆形,果顶平圆,微凹,梗洼深而狭,缝合线浅,较明显,两侧对称。果实大型,平均单果重 200 g,大果重 500 g。果皮黄白色,阳面鲜红色;果皮中厚,完熟后可剥离。果肉乳白色,近核处稍有红色,硬溶质,多汁,离核,味酸甜适度,含可溶性固形物 12.5%,品质上。京津地区 8 月初成熟,山东泰安地区 7 月下旬上市,早采可外运。鲜食与加工兼用。

（2）金华大白桃　该品种成熟期早,6月初成熟。果实近圆形,果顶平,单果重 150～350 g;果皮白色,阳面着红晕,果肉乳白色,松脆质细,果软多汁,味香甜,品质佳,不裂果;无花粉,需配置授粉树。

（3）大观 1 号　6月初至 6 月上旬成熟。平均单果重 110 g,最大 350 g,果面红晕,外观美、极丰产。

（4）超早红油桃　5月上旬成熟。果实近圆形,平均单果重 60～80 g;果面光洁、鲜红色,果肉金黄色,味酸甜适口,不裂果,半黏核。该品种长势中庸,花芽分化较好,坐果率高,丰产稳产,但需疏花疏果。

（5）极早红油桃　5月中下旬成熟。果实近圆形,平均单果重 100～120 g,大果可达 150 g;果面光洁、鲜红色,果肉金黄色,味美多汁,纯甜少酸,极少裂果。该品种长势旺,花芽分化好,坐果率高,抗病力强。栽培上应及时控梢,防止旺长,适当控制肥水。

（6）蟠桃 2 号　5月下旬成熟。果形扁平,平均单果重 95～130 g,大果 250 g。果皮阳面艳红色,果肉白色,肉软多汁,味香甜,核小,可食率高。

（7）早露蟠桃　北京农林科学院林果研究所 1989 年育成。树势中等,树姿半开张,花粉多,果形扁平,果皮底色黄白,果面 1/2 玫瑰红色晕,果肉黄白色,硬溶质,味甜,可溶性固形物9.0%～11.0%,黏核,完熟时半离核。平均单果重 153 g,最大果重 200 g,果实发育期 60～65 d,北京地区成熟期 6 月中下旬。

（8）华玉　北京 38 号,北京农林科学院林果研究所 2000 年育成。树势中庸,树姿半开张,无花粉。果实近圆形,果个特大,平均单果重 270 g,大果重 400 g,果皮底色黄白,果面 1/2 以上着玫瑰红色或紫红色晕,果肉白色,肉质硬,汁液中等,风味甜浓,有香气,可溶性固形物13.5%,离核,北京地区8月中下旬果实成熟。

(9)燕红 别名东北义园9号、绿化9号,树姿半开张,树势旺盛,花粉较多,果实近圆形,稍扁,平均单果重300 g,最大单果重750 g以上,果肉乳白色微有红色,近核处红色,肉质致密,味甜,有香味,可溶性固形物含量13.6%,采收期在8月下旬至9月上旬。

(10)瑞蟠1号 北京农林科学院林果研究所1994年育成。树势中等,树姿半开张,花粉多,果形扁平,果皮底色黄白,果面着玫红色晕,果肉黄白色,硬溶质,味甜,可溶性固形物9.0%～13.0%,半离核。平均单果重178 g,最大果重260 g,果实发育期88 d,北京地区7月上中旬成熟。

(11)庆丰 北京26号,树势强,树姿半开张,花粉多,果形椭圆形,平均单果重200 g,果肉乳白色,味甜,近核微酸,可溶性固形物9.0%,半离核。果实发育期73 d,采收期在6月下旬至7月上旬。

(12)瑞光5号 北京农林科学院林果研究所1989年育成。树势强,树姿半开张,花粉多,果形近圆形,果皮底色黄白,着1/2玫瑰红色晕,果肉白色,硬溶质,味甜,可溶性固形物7.4%～10.5%,黏核,平均单果重170 g,最大单果重320 g,果实发育期85 d,北京地区成熟期7月中旬。

(13)瑞光18号 北京农林科学院林果研究所1997年育成。树势强,树姿半开张,花粉多,果形短椭圆形,果皮底色黄,果面3/4至全面紫红色,果肉黄色,硬溶质,味甜,可溶性固形物9%～12%,黏核,平均单果重210 g,最大果重260 g,果实发育期104 d,北京地区成熟期7月底。

4. 葡萄品种

(1)巨峰 为欧美杂交种,果实紫黑色,椭圆形。平均粒重 10～13 g,果穗大,果粒着生紧密,圆锥形,最大的穗重为 1 500 g,平均穗重 550 g,果皮厚,果肉多汁,味酸甜,有草莓香味,品质中等。从萌芽到果实完全成熟需 130～135 d,属中熟品种。

(2)无核白鸡心 原产美国,欧亚种。平均穗重 800 g,果粒形状为长椭圆形,粒重 5～7 g,呈黄绿色,果肉硬脆清香,品质上等,浆果成熟期在 8 月上旬,其特性为丰产,耐贮运。

(3)红提 欧亚种,又名晚红、红地球,晚熟品种。成熟果实鲜红色,果粒大,一般 13～15 g,最大 20 g,果穗紧凑,平均穗重 850 g,最大可达 1 500 g,不裂果、不脱粒。果肉硬而脆,味甜爽口,含糖量高,品质好。

(4)夏黑 别名夏黑无核,欧美杂种,中早熟品种。果穗大多为圆锥形,无副穗。果穗大,平均穗重 415 g。果粒着生紧密或极紧密,果穗大小整齐。果粒近圆形,紫黑色到蓝黑色。果皮厚而脆,无涩味。果粉厚。果肉硬脆,无肉囊,果汁紫红色。味浓甜,有浓郁的草莓味。

(5)藤稔 欧美杂交种,中熟品种。果穗呈圆锥形,坐果好,平均穗重 400～600 g,果粒近圆形,着生紧密,精细栽培粒重 15～18 g,果皮紫红色。果皮紫红色,完全成熟呈紫黑色,被果粉,果肉肥厚,肉质较紧果汁多。

(6)里扎马特 又名玫瑰牛奶,属欧亚种。果穗圆锥形,松散,平均穗重 1 000～1 500 g,最大 1 800 g。果粒长圆柱形或牛奶头形,平均粒重 12 g,最大 19 g。果皮玫瑰红色,成熟后暗红色。皮薄肉脆,清香味甜,含糖 10.2%～11.0%,含酸 0.57%。8 月中下旬成熟,一般比巨峰早熟 10 d 左右。

(7)巨玫瑰 欧美杂交种,中晚熟品种。又称巨峰玫瑰葡萄,植株形态与巨峰葡萄相似。该品种既具有巨峰葡萄生长势壮、抗病性强、果粒大、产量高的特性,又具有玫瑰香葡萄落花落果轻、果粒均匀、着色一致、含糖量高、香味浓郁之品质,可鲜食、榨汁和酿制葡萄酒。果穗圆锥形,平均穗重 500 g,最大1 200 g,果粒长圆形或卵圆形,着生紧密,坐果率高,无大小粒现象。平均粒重10 g,最大 15 g,果皮薄,紫红至紫黑色,肉厚而硬脆,不裂果。

(8)玫瑰香 欧亚种,原产英国,属中晚熟品种。果穗中等大,圆锥形。最大穗重1 000 g 左右,平均穗重 350~403 g。果粒着生疏松至中等紧密。果粒椭圆形或卵圆形,中等大,平均粒重4~5 g,最大粒重6.2 g。果皮中等厚,紫红色或黑紫色,果肉较软,多汁有浓郁的玫瑰香味,品质上等。

(9)美人指 欧亚种,中晚熟品种。根据其果粒形状和中国人的习惯,译为"美人指"。果穗大,平均穗重450~800 g,最大穗重1 500 g 以上,圆锥形,果粒长椭圆形,开始着色时果粒尖端为紫红色,基部为绿色带红,充分成熟时整个果粒为紫红色。果皮薄,果粉重,果肉脆甜,无香味。品质上等。

(10)黑提 此葡萄是瑞必尔和黑大粒两个品种的统称。优质、晚熟、耐贮、美观。果穗呈长圆锥形,平均穗重500~700 g,果粒阔卵形,果顶有明显的 3 条线,平均粒重8~10 g,皮厚肉脆,果皮蓝黑色,光亮如漆,味酸甜。果柄不易脱落,耐贮运。

(11)红宝石 欧亚种。该品种从日本引入,晚熟品种,长势旺,抗性强,丰产性能好,耐贮运,大果穗,果粒重 9 g 左右,果色鲜红艳丽,糖度 19 度左右,是极具发展前途的晚熟优良品种。果色红,晶莹透,美如宝石,因之而得名。

（12）奥古斯特 又称黄金果，是由罗马尼亚布加勒斯特农业大学用意大利和葡萄园皇后杂交育成的葡萄新品种。欧亚种，生长势壮，极易形成花芽，二次结果能力强。该品种适应性广，抗病力强，有很强的多次结果能力，早果丰产。果色金黄，晶莹剔透，粒重 10 g，穗重 600 g，着色一致，果肉硬脆，含糖量 15% 以上，品质上佳。

（13）罗莎 种源来自日本，欧亚种。"罗莎"即罗纱，寓意为"少女美丽的裙装"。果穗大，一般重 700～1 000 g，单果重 12 g 左右，果形为长圆形，果色深红，果肉脆硬，早熟品种，特耐运输。

（14）马奶 又名马乳葡萄，因其状如马奶子头而得名。果穗圆柱形，有分枝，果粒圆柱状，平均粒重 6 g，最大重 8 g；白绿色，甘甜多汁，质较脆，味爽口。因有小核，宜鲜食。马奶葡萄具有较高营养价值。

（15）早黑宝 是由瑰宝和早玫瑰的杂交种子经诱变加倍而成的鲜食葡萄新品种，其突出特点是穗大粒大、色泽紫黑、外观性状好、浓香味甜、口感极似玫瑰香，内在品质优良；早熟丰产、抗病、不裂果，集诸多优良性状于一身。

（16）京秀 欧亚种。果穗圆锥形，重 513 g，果粒椭圆形，平均粒重 6.3 g，果皮中厚，玫瑰红色；肉质脆，味甜多汁。品质上等，较丰产，抗病性较强。上色早，退酸快，可采收时间长，不易落粒或裂果，耐贮运。7 月底 8 月初成熟，因其含酸量低，7 月中旬即可食用。该品种穗粒整齐，形色秀丽，肉脆质佳，枝条成熟好，是优良的极早熟鲜食品种。

（17）红瑞宝 欧美杂交种，原产日本。果穗大，分支或圆锥形，中等紧密；果粒大，平均粒重 8～10 g，椭圆形；果皮中等厚，浅红色，易剥皮；肉软多汁，含糖量可达 20% 以上，有草莓香味，风味香甜。果实成熟比巨峰晚约 1 周，属中晚熟品种。

(18)京亚　果穗圆锥形,树势旺的坐果较差,穗重400 g左右。果粒短锥圆形,平均粒重 8～10 g,果皮紫黑色,果肉较软,汁多。较耐贮运,抗病性中等。早熟,7月中旬成熟。因果肉偏酸,生产中要完全成熟后采收,避免早采。

(19)红意大利　果穗圆锥形,平均穗重 650 g,最重达2 500 g,果粒着生较紧密。果粒圆形,平均粒重 11.5 g,最大 18.5 g,比黄意大利果粒重 1 倍多。果皮紫红色,皮薄肉脆,成熟后果粒晶莹透明,美如宝石。有浓玫瑰香味,含糖量 17%,品质极佳。极耐贮运。

(20)峰后　亲本是巨峰实生。9月上中旬成熟。果穗短圆锥形,平均重 418.08 g。果粒着生中等紧密,短椭圆形,平均重12.78 g,最大 19.5 g,比巨峰平均重 2 g左右。果皮紫红色,较薄,无涩味,果肉极硬,是巨峰的 2 倍多。果肉质地脆,略有草莓香味,糖酸比高,口感甜度高,品质极佳。不裂果,耐贮运。

(21)火焰无核　又称弗蕾葡萄,欧亚种。该品种果实鲜红,圆形,果粒平均粒重 3.5 g,果穗较大,长圆锥形,平均穗重 650 g,果肉硬脆,甘甜爽口,皮薄,不裂果,品质优良。

(22)金星无核　欧美杂交种,美国培育。果穗平均400 g,粒重 5～6 g,紫黑色,无核,风味极佳。8月中旬成熟。丰产性极强,易于栽培。抗性比巨峰强,栽培潜力很大。

(23)维多利亚　欧亚种。果穗大,圆锥或圆柱形,较紧凑,平均 630 g,最大 2 000 g,果粒大,圆柱形,平均粒重11.6 g,最大 18 g,果肉硬脆,味甜爽口,含糖量为 16%,含酸量 0.45%,品质上等,充分成熟为黄色,比巨峰早熟 20 d

左右,丰产性很强,属优良的大粒早熟品种。

(24)赤霞珠 欧亚种。原产法国。果穗小,平均穗重165.2 g,圆锥形。果粒着生中等密度,平均粒重1.9 g,圆形,紫黑色,有青草味,含酸量0.56%。在北京8月下旬至9月上旬成熟。由它酿制的高档干红葡萄酒,淡宝石红,澄清透明,具青梗香,滋味醇厚,回味好,品质上等。

(25)蜜汁 原产日本。属欧美杂交种。果穗圆柱形,果粒着生紧密,平均穗重300 g,最大500 g。果粒较大,近圆形,紫红色,平均粒重6.78 g,最大8 g。果皮厚,果粉多,果皮与果肉易分离。肉质柔软,有肉囊,多汁味甜,含糖17.6%,含酸0.61%。品质中等。

(26)摩尔多瓦 欧美品种,9月下旬成熟,果穗圆锥形,平均穗重700 g,最大穗1 100 g,果粒短椭圆形,平均粒重10 g,最大18 g,完熟果皮蓝黑色,味甜微酸,口感品质极佳。

(27)圣诞玫瑰 也叫秋红,原产于美国,晚熟品种,果实呈长圆锥形,果穗比较大,最大穗重可以达到800~1 000 g,最大的单果重22 g以上。果实呈紫红色,味道香甜爽口,果肉硬而脆,口感极佳。

5. 樱桃品种

(1)红灯 大连市农业科学研究所于1963年以那翁、黄玉杂交育成。果实大型,平均单果重9.2 g,大者12 g。果实肾脏形,整齐。果梗粗短。果皮红色至紫红色,富有光泽,色泽艳丽,外形美观。果肉淡黄,半软,汁多,酸甜适口,可溶性固形物含量14%~15%。核大,离核。肉质肥厚,可食部分92.9%。果实发育期40~45 d,继大紫之后成熟。

(2)红艳 大连市农业科学研究所以那翁与黄玉杂交

选育出的软肉型优良品种。果实个较大,单果重 8 g 左右。扁心脏形,较整齐。果皮淡黄色,有红晕,果肉肥厚多汁,酸甜适宜,含可溶性固形物 15.4%。该品种自然授粉结实率较高,适宜授粉品种有红灯、红蜜、最上锦等。连年丰产性好,属早熟优良品种。

（3）红蜜　甜樱桃,红色类型。是大连市农业科学研究所用那翁×黄玉杂交育成的新品种,为我国甜樱桃推广品种。果实心脏形,平均单果重 5.1 g。果皮鲜红,果肉厚,质软,果汁多,味甜如蜜,可溶性固形物含量 17%,品质上等。

（4）雷尼　美国华盛顿州 1954 年以滨库×先锋杂交育成的黄色中熟品种,以华盛顿州雷尼山（Rainier）的名称命名。1983 年中国农业科学院郑州果树研究所引入我国,山东已在烟台及鲁中南地区推广。

果实大型,平均单果重 8 g,大果 12 g。果形心脏形。果皮底色黄色,富鲜红色晕,光照良好时可全面红色,鲜艳美观。果肉无色,质地较硬,可溶性固形物含量高,可达 15%～17%。风味好,品质佳。离核,核小,可食部分 93%。抗裂果,耐贮运。成熟期比那翁、滨库早 3～7 d。是一个丰产、质优的优良鲜食和加工兼用品种。

（5）先锋　从加拿大引入。果实中大型,单果重 8.5 g,大果 10.5 g。果形肾形。深红色,光泽艳丽,果皮厚而韧,果质肥厚,硬脆,汁多甜酸可口,可溶性固形物 17%。可食率 92.1%。6 月下旬成熟。

6. 李品种

（1）李王　是目前日本的主栽和当家品种,1992 年引入我国,主要分布在华北和华中地区,北京昌平区有种植。

果实近圆形,平均单果重 102 g,最大果重 158 g;果皮浓红色,全面着色,果点不明显,外观美丽;果肉橘黄色,多汁,出汁率达 70%,香气浓,酸味少,是李品种中含糖量最高的品种之一,品质上中;果实成熟期 6 月中旬,为极早熟品种。

(2)美丽李　1885 年美国由日本引入 12 个中国李品种的 210 株实生苗,分别与原产我国的杏李及原产北美的其他李种杂交,获得了种间杂交品种。20 世纪 50 年代引入我国,在北京的延庆、平谷、昌平、密云、大兴等区县有种植。

果实近圆形,果顶尖平,平均单果重 85.0 g;果皮底色黄绿,果面光亮,完全成熟时鲜紫红色;果肉黄色,致密多汁,风味香甜,含糖量 13.2%;离核,核极小;8 月至 9 月下旬成熟,果实极耐贮运。

(3)秋姬　日本品种,1997 年引入我国,经定植观察,该品种晚熟、大果、外观美、耐贮运,品质优,适合各地栽植;北京昌平区等地有种植。

果实近圆形,单果重 200～300 g;果皮底色黄,果面光亮,完全成熟时鲜紫红色;果肉黄色,致密多汁,风味香甜,含糖量 13.2%;离核,核极小;9 月中旬成熟,常温条件下可贮存 1 个月,冷藏条件下可贮存至元旦、春节,耐贮运。

(4)安格诺　1994 年从美国加州引进,是一个丰产性好、适应性强、果实耐贮运的优良晚熟品种,主要分布在延庆、海淀、昌平、平谷、密云、房山等区县。

果实扁圆形,平均单果重 102 g,最大单果重 178 g;果顶平,缝合线浅而不明显,梗洼浅;果皮开始为绿色,后变为黑红色,完全成熟后为紫黑色;采收时果实硬度大,果面光滑而有光泽,果粉少,果点极小,果皮厚;果肉淡黄色,近核处果肉微红色,清脆爽口,质地细腻,经后熟后汁液丰富,味甜,香味较浓,品质极上;果核极小,半黏核;成熟期为 9 月下旬,常温下可贮存至元旦,冷库中可贮存至翌年4月底,耐贮运。

(5)澳李14号　原产美国,1985年从澳大利亚引入我国,在延庆、平谷、密云、大兴等区县有种植。

果实近圆形或扁圆形,果顶圆或微凹,缝合线浅,平均单果重87.4 g,最大果重113.5 g;果皮底色绿,着暗紫红色,果粉较厚呈灰白色;肉质细脆,纤维少,汁液多,酸甜适度,微香;含糖量13.7%,可食率高,品质上等;果核小,半离核;9月中旬成熟,耐贮运,常温下能贮放30 d以上。

(6)龙园秋李　又称龙园秋红。黑龙江省农业科学院园艺研究所育成,1997年通过省级审定,并推广应用。现北京的延庆、平谷、密云、大兴等区县均开始种植。

果实扁圆形,果顶平或微凹,缝合线较明显,平均单果重76.2 g,最大果重为110 g左右;果皮底色黄绿,着鲜红色,果粉较厚,果点大;果肉橙黄色,肉质致密,纤维少,汁液多,味酸甜,微香;含糖量15%左右,可食率高,品质上等;果核小,半离核;8月底成熟,较耐贮运,常温下一般能贮放2周左右。

(7)大石早生　日本品种。20世纪90年代初引入我国,并保存在国家果树种质熊岳李杏圃内。北京的延庆、海淀、昌平、平谷、密云、房山等区县均有栽培。

果实卵圆形,果顶尖,缝合线较深,平均单果重50 g,最大果重约106 g;果皮底色黄绿,着紫红色,果粉中厚呈灰白色;果肉红色,肉质细,松软汁多,味甜酸,微香;含糖量12.6%,可食率97.9%,品质上等;黏核,核椭圆形。在熊岳地区栽培6月底至7月初果实成熟,常温下可贮放1周左右。

(8)黑琥珀 原产美国,1985 年从澳大利亚引入我国,现在北京的延庆、平谷、昌平、大兴等区县和辽宁、河北、山东、陕西等省市均有栽培。

果实扁圆形,果顶部稍凹,缝合线浅,平均单果重65 g,最大果重 85 g 左右;果皮中厚,底色黄绿,着红黑色,果粉厚呈白色;果肉淡黄色,近皮部为红色,肉质较松软,纤维少,汁液多,味酸甜;含糖量 10.97%,品质中上等,离核。9月上旬成熟。常温下一般能贮放 20 d 左右。

(9)玉黄皇李 又名御黄皇李、郁黄李,是我国古老的优良品种之一。

果实近圆形,果顶圆或微凹,缝合线浅,平均单果重61 g,最大果重 85 g;果皮黄色,果粉较厚呈银灰色;果肉黄色,肉质细脆,纤维少,汁液中多,味酸甜,具浓香;含糖量10%~14%,常温下一般可贮放 7~10 d,品质上等;果核小,离核。7月下旬成熟。

(10)离核 又名小核、北京紫李,原产于北京。现分布于北京海淀、昌平、平谷、石景山、密云、房山等地。

果实椭圆形,果顶平或微凹,平均单果重 40 g,最大果重 70 g;果皮较厚,成熟后着深紫红色,果粉厚呈白色;果肉橙黄色,充分成熟后果肉变软,味酸甜,有香味;离核,核尖和核翼处有空腔;含糖量 12%,品质中上,较耐贮运。6月下旬成熟。

7. 枣品种

(1)胎里红枣 别名老来变,也称黑珍珠,幼叶、花、果皆为紫红色,故名胎里红;北京地区一些枣园有引种。这种枣果实为长圆形,顶部钝尖;幼果先为紫红色,之后逐渐变浅,随着果实成熟度递增,红色再次加深,至完全成熟时变为赭红色;果肉松脆,汁较多,味甜,品质中等;在果实完熟期采摘鲜食风味最佳,也可制作蜜枣。

(2)茶壶枣　原产于山东的夏津、临清,数量极少。果实畸形,形状奇特,大小不很整齐,肩部或近肩部常长有2～4个对角排列的肉质突出物;有的果实的一对突出物,大小、形状酷似壶嘴、壶把,与椭圆形果实主体连成一体,形似茶壶,故而得名。一般果重4.5～8.1 g,最大果重10.2 g。9月中旬成熟。

(3)辣椒枣　别名长脆枣、长枣、奶头枣和羊角枣,原产于河北的深县、衡水,山东的夏津、临清等地;昌平区回龙观、顺义区赵全营、门头沟区妙峰山、朝阳区王四营等地有引种。

这种枣果实形状奇特、美观,为长锥形或长椭圆形,平均单果重12 g,最大重22 g,大小均匀;果皮薄,紫红色;果肉白色,较细脆,稍松软,汁较多,酸甜适口;鲜果含糖量31%～37%,可食率97.2%,制干率52.7%,品质上等;9月下旬成熟。

(4)蜂蜜罐枣　原产于陕西省大荔,为优良早熟鲜食品种。昌平区、顺义区、门头沟区、朝阳区等地有少量栽植。

这种枣果实为近圆形,平均单果重7.7 g,大小整齐;果皮薄,赭红色;果肉细嫩,酥脆汁较多;鲜枣含糖量24.38%,每100 g含维生素C 165.1 mg,可食率93.5%,鲜食品质极优;8月下旬成熟。

(5)老虎眼枣　别名老虎眼酸枣、大酸枣,散见于北京居民庭院。这种枣果实为圆形或扁圆形,个小,平均重2.9 g;味酸甜,生食较爽口,别具风味;9月下旬成熟。

此品种树体生长旺盛,结果早,丰产性好。随着人们饮食结构的变化,这一酸味枣品种正日渐引起重视,亟待规模种植和商品化生产。

(6)龙爪枣　　别名龙枣、龙须枣、曲枝枣、蟠龙枣,因其枣头、二次枝和枣吊皆卷曲不直,似龙爪状,故得名;散见于北京各枣园和居民庭院,故宫博物院中有栽植。

这种枣果实为椭圆形,平均单果重 6.5 g,大小整齐;果皮红色,果肉白绿色,品质中等;9 月下旬成熟。

此品种树姿开张,枝条较密,树体小,生长缓慢;枝条扭曲不定,蜿蜒前伸,犹如群龙飞舞,竞相弄姿,有很高的观赏价值,适宜庭院栽培或制作盆景,是重要的观赏树种。

(7)连蓬籽枣　　因果形颇似连蓬籽而得名,北京仅有零星栽植。这种枣果个小,平均单果重 2 g,整齐均匀;果皮薄而脆,深红色,平整光亮;果肉淡黄色,脆而多汁,味酸甜;冰镇后食用味更美,属上乘酸味鲜食品种;9 月上旬成熟。此品种树势较强健,枝条密生。

(8)磨盘枣　　别名磨子枣、坛子枣,散见于北京各枣园和居民庭院。这种枣果实中部有一条缢痕,上部(近顶端)略小,下部(近柄端)宽大,平均单果重 7 g,最大重 13.7 g;果皮厚,紫红暗红色,富光泽;果肉白绿色,粗松,干鲜两用,品质中等。

此品种结果早,丰产性好,果实形状奇特美观,是优良的观赏品种,适宜庭院栽培或制作盆景。

(9)葫芦枣　　别名边腰枣、乳头枣、妈妈枣、羊奶枣,因果实形状酷似葫芦而得名;散见于北京各枣园和居民庭院。

这种枣果实为葫芦形,腰部有深缢痕,平均单果重 6.9 g,大小整齐;果皮薄而脆,深红色;果肉淡绿色,脆而汁较多,味甜酸;鲜枣含糖量 20%,每 100 g 含维生素 C 231.6 g,可食率 93.46%,品质中上等;9 月中旬成熟。此品种树势中等,丰产,属珍稀品种,观赏价值高,最适于绿化美化庭院,也可盆栽。

8. 板栗品种栗

(1)燕山短枝 别名大叶青。因枝条短粗,树冠低矮,冠型紧凑,叶片肥大,色泽浓绿而得名。原株在河北迁西后韩庄村,现在北京密云有种植。总苞中等大,椭圆形,刺密而硬;坚果平均重 9.23 g,扁圆形,皮深褐色,光亮,大小整齐;果仁含糖量 20.6%,蛋白质 5.9%,耐贮藏;在迁西坚果9 月上中旬成熟。此品种树冠圆头形,树势强健,适宜密植。

(2)燕山早丰 原名 3113,又称早丰,因早期丰产、果实成熟期早而得名。原株在河北迁西县杨家峪村,现在北京密云有种植。总苞小,皮薄;坚果平均重 8 g,皮褐色,茸毛少;果仁含糖量 19.67%,蛋白质 4.43%;在迁西坚果 9月上旬成熟。此品种树势强健,结果早,丰产抗病,较耐旱耐瘠薄,是燕山山区早熟的优良品种。

(3)怀黄 原株为北京怀柔县黄花城村实生大树,因地得名,现在怀柔等地有种植。总苞椭圆形,中等大,刺较密;坚果为圆形,重 7.1~8.0 g,皮褐色,茸毛较少,有光泽;坚果 9月中下旬成熟。栽培特性与怀九相仿。

(4)怀九 原株为北京怀柔县九渡河实生大树,因地得名,现在怀柔等地有种植。总苞为椭圆形,中等大,刺较密;坚果为圆形,重 7.5~8.3 g,皮褐色,茸毛较少,有光泽;坚果 9月中下旬成熟。此品种适宜开心形密植栽培,具成串结果习性。

(5)6985 原株在北京密云县的丘陵山地,现主要在密云有种植。坚果皮深褐色,茸毛极多,呈白色,光泽较暗;果仁含糖量 18%,最大特点是果仁在加工后仍保持鲜黄色,不褐变,适宜加工,耐贮藏;坚果 9 月 10 日左右成熟。此品种母株树冠中等大,树姿开张,呈半球形。

（6）银丰 原名下庄 2 号。原株在北京昌平区下庄村银山，现在昌平、密云、平谷等地有种植。总苞为椭圆形，皮薄，刺疏；坚果平均重 7.1 g，皮棕褐色，茸毛少，稍有光泽，大小整齐美观；果仁含糖量 21.17%，蛋白质 7.46%，氨基酸 8 mg/100 g，脂肪 2.33%；坚果 9 月中下旬成熟。

（7）燕丰 原名西台 3 号，别名蒜鞭。原株在北京怀柔县黄花城乡西台村，现在怀柔、密云等地有种植。总苞小，椭圆形，皮薄，刺疏；坚果平均重 6.6 g，皮黄褐色，茸毛少，光泽中等；果仁含糖量 25.26%，蛋白质 6.18%，脂肪 2.53%，贮藏 3 个月后营养不变，是目前国内含糖量最高的板栗品种；坚果 9 月中下旬成熟。此品种结果早，丰产，适宜在土壤、水利条件较好的地区发展。

（8）燕昌 原名下庄 4 号。原株为北京昌平区下庄乡下庄村一棵 50 年生实生树，现在昌平、怀柔和密云等地大量种植。总苞为椭圆形，皮较厚，刺较密；坚果平均重 8.6 g，皮红褐色，茸毛较多，油亮；果仁含糖量 21.63%，蛋白质 7.8%，脂肪 2.19%，贮藏 3 个月后营养不变；坚果 9 月中旬成熟。此品种树形冠中等中大，树姿开展张，呈扁圆头形或开心形，丰产稳产。

（9）燕红 原名燕山红栗，下庄 1 号。原株为北京昌平黑山寨乡北庄村南沟一棵 40 年生实生树，现在密云、怀柔、昌平、平谷、房山等产区都有大量种植，是北京板栗的主栽品种，也是目前国内板栗中最好的品种之一。总苞为椭圆形，皮薄，刺疏；坚果平均重 8.9 g，皮深红棕色，茸毛少，有光泽，外观极诱人；果仁含糖量 20.25%，蛋白质 7.07%，氨基酸 8 mg/100 g；坚果 9 月下旬成熟。此品种树形较小，产量高，抗病能力强；但自花结实能力差，栽培中必须配植授粉树或多品种混栽。

9. 核桃品种

(1)京西紫　此品种 2001 年从北京门头沟区清水镇选出,已在门头沟核桃试验站苗圃试栽,表现良好。其树体生长势强,有较强的适应性,嫁接易成活,室外枝接成活率达85％以上。

坚果为扁圆形,重 13.07 g,大小均匀;壳面较麻,色深,缝合线微隆起,结合紧密;壳厚约 1.7 mm,可取整仁,核仁饱满,味香微涩,品质上等;最有趣的是核仁鲜时呈紫红色,干后呈暗紫色,十分独特。

京西紫树冠开张,树形美观,从树的表皮、韧皮、嫩芽、叶柄、叶脉到果实的外壳、核仁均呈紫色,极具观赏价值;并且经嫁接鉴定,其后代仍能保持母株的紫色性状。因此可以说,京西紫是兼具食果、用材和观赏价值的树种,是我国核桃育种的重要种质资源。

(2)麻核桃　品种是 1930 年在北京昌平区长陵镇下口村半截沟采集到的,经我国植物分类学家胡先骕教授命名为新种,并认为是核桃与核桃楸的天然杂交种。北京地区主要分布于北部山区有核桃树和核桃楸的地方,如门头沟区清水、雁翅、斋堂,延庆县大庄科,怀柔区黄花城,昌平区长陵、下庄等地。其树体耐寒、耐旱、耐贫瘠土壤。

麻核桃坚果为圆形或卵圆形,顶部尖;壳面刻沟深、麻点多,内隔壁骨质,出仁率仅为 19.7％;是老年人揉手的好玩意,可健身活血。此外,也可做嫁接核桃的砧木和育种材料。

(3)北京 861　原代号为"试验场 6 号",北京农林科学院林果研究所 1982 年从新疆核桃实生苗中选育而成的雌先型品种,1990 年定名。坚果为圆形,重 10～12 g;壳面较光滑,缝合线紧密;壳厚 0.9 mm,取仁容易,出仁率 67%；核仁饱满,黄白色,味香脆,含脂肪 68.7%,蛋白质 17.1%,8 月下旬成熟。此品种较丰产,抗逆性较强,适于密植。

(4)北京 749 原代号为"东岭 9 号",北京农林科学院林果研究所 1974 年从北京门头沟区沿河乡东岭村的晚实核桃实生后代中选出的品种,1986 年定名;现主产地为门头沟。

坚果为圆形,果基圆,果顶微尖,重 16.7 g;壳面光滑色浅,缝合线窄而平,结合较松;壳厚 1.2 mm,易取整仁,出仁率 55.3%;核仁饱满色浅,味香浓,不涩,含脂肪 76.4%,蛋白质 12.9%;9 月上旬成熟。

此品种丰产,抗逆性强,但易受核桃举肢蛾危害。

(5)北京 746 号 原代号为"东岭 1 号",北京农林科学院林果研究所 1974 年从北京门头沟区沿河乡东岭村的晚实核桃实生后代中选出的雄先型品种,1986 年定名;现主产地为门头沟。

坚果外观较好,重 11.7 g;壳面光滑色浅,缝合线窄而平,结合紧密;壳厚 1.2 mm,易取整仁,出仁率 54.7%;核仁饱满色浅,味香浓不涩,含脂肪 73.9%,蛋白质 16.4%;9 月上旬成熟。此品种丰产,抗逆性强,适于林粮间作。

10. 杏品种

(1)骆驼黄 产于北京市门头沟区龙泉务村。果实圆形,平均单果重 49.5 g,最大 78 g;果面橙黄,阳面暗红晕;果肉橙黄色,肉质软,纤维稍多,甜酸适度,汁多,有香气。含可溶性固形物 11.5%,品质上乘。黏核,甜仁,树势强健。适应性强,抗寒耐旱,丰产。果实发育期 55 d 左右,5 月底 6 月初成熟,该品种为优良的丰产、极早熟品种。

(2)红金榛 也称"红金榛杏",榛杏的一种优良品种。

红金榛是从山东省招远市地方良种杏中经民间历代去劣存优保存下来的,原产于招远市大秦家乡小于村,1976 年发掘整理,1984 年定名,1988 年通过鉴定,确认该品种具有长势健壮,早产丰产,果大美观,肉嫩多汁,抗病、抗逆性强,连年丰产等特点。

红金榛在当地 4 月 10~15 日盛花,果实发育期 90 d 左右,7月上旬成熟。平均单果重 71 g,最大 167 g。果实椭圆形,顶圆或平,缝合线明显。果皮橙红色。果肉橙红色,可溶性固形物 13%~14%,质细汁多,味甜微酸,具芳香。品质上。离核,甜仁,果肉率 95% 左右,鲜核出仁率 38%,鲜果出脯率 25%~25.8%,是优良的鲜食、加工、仁用品种。

(3)大偏头 鲜食杏,果实呈平底圆形,外观有红霞,果肉黄色,单果重 85 g,果味酸甜,果肉脆、细,果实离核,果实可食率 93%,果实生长发育期 68 d。主要丰产性状:3 年初果,5 年盛果,经济寿命 35 年,初果期产量 1 000 kg/亩,盛果期产量 1 600 kg/亩。

(4)串枝红杏 鲜食杏,营养丰富,果实个大(平均单果重 52.5 g)。能长途运输,一般条件下可贮藏 10 d 以上。其加工性能良好。果肉离核,金黄色,可加工制成杏脯、杏酱、杏丹皮、杏汁、杏罐头等各种食品。适合用于做果脯、果汁、罐头及鲜杏冷冻出口,成熟期在 5 月初至 6 月底。

(5)红荷包杏 品种来源:地方品种,产于济南市南郊山区。历城区等地有大片栽植,已有 200 年栽培历史。

果实性状:果实中偏小,平均单果重 43 g,大者 55 g。果实椭圆形,顶端微凹,缝合线明显,梗注狭。果面底色黄,阳面少具红色。果皮厚,不易剥离。果肉淡黄色,汁液较少,肉质韧,稍粗,纤维中多,可溶性固形物含量为 10%~

13%,总糖含量 7.8%,可滴定酸含量 1.8%,味甜酸,香气浓,品质上。离核,苦仁。原产地 5 月底至 6 月初成熟,果实生育期 56 d 左右,属极早熟杏,宜鲜食。耐贮藏,常温下可贮藏 5～6 d。能远运。

(6)青蜜沙 原产河北,现主要分布于河北和北京延庆、平谷、通州、顺义、海淀等地。

果实圆形,缝合线浅,果顶圆凸,平均单果重 58.0 g,最大果重 68.6 g;果皮底色绿白,着红色;果肉白绿色,肉质松软,汁多,纤维少,香气浓郁,含糖量 13.5%,品质上等;离核,苦仁。6 月中旬成熟。

(7)银白杏 分布在辽宁省锦州市白厂门满族镇。果实圆形,缝合线显著,果顶平有凹,在干旱山地平均单果重 59.1～71.8 g,最大果重 80.0 g;果皮底色浅黄白,蜡质中等,茸毛中多,厚度中等,较脆,难剥离;果肉黄白色,近核部位肉色白,汁中等,肉质细,纤维较少,味酸甜,有香味;离核,核扁圆,甜仁。6 月中旬成熟。

(8)北寨红杏 果形大,圆形,平均单果重 40 g,最大单果重达 110 g;色泽艳丽,黄里透红;皮薄肉厚核小;味美汁多,甜酸可口,含糖量 12%～16.5%;干核甜仁,杏仁香脆可口;营养丰富,含有维生素 C、胡萝卜素、果糖、果酸、蛋白质、钙、磷、钾等多种营养成分;耐贮运,常温下可贮存 20 d 左右,长途运输不油皮。

(9)凯特 凯特杏果实卵圆形,平均单果重 109 g,最大单果重 137 g;果顶微凸,缝合线浅;果皮光滑,底色橘黄色,阳面着红晕。果肉橙黄色,肉质细,纤维少,汁液多,风味酸甜。可溶性固形物含量 12.90%,离核。可食率 95.7% 以上。果实较耐贮运,不适宜制干。

(10)葫芦杏 农家品种,原产陕西省淳化县,现主要分布于北京、陕西、河北、天津和辽宁等地。果实平底圆形,缝合线两侧略不对称,果顶尖圆,在干旱山地平均单果重84.6g,最大果重103.5g;果皮底色橙黄,有少部分果有1/5红晕,蜡质中多,茸毛中少,果皮中厚,皮脆,难剥离;果肉橙黄色,近核部位同肉色,汁中少,肉质软、略面,纤维少,味酸甜;离核,核扁卵圆形,甜仁。6月中下旬成熟。

(11)大玉巴达　原产北京海淀至门头沟一带的农家品种,现主要分布于海淀区北安河一带。

果实近圆形,果顶平微凹,平均单果重43.2~61.5g,最大果重81.0g;果皮黄白色,果肉黄白色,肉质细,味甜酸,果汁多;离核,甜仁;6月上旬成熟。

(12)金玉杏　又称山黄杏,原产北京昌平区果庄,现主要分布于北京昌平区和延庆县。果实圆形,缝合线中深而显著,果顶圆,平均单果重45.3g,最大果重70.0g,果皮底色橙黄,阳面着片状鲜红晕;果肉橙黄色,肉质细韧,汁中多,纤维中多,有香气,味酸甜,含糖量13%;半离核,成熟后黏核,苦仁。6月中旬成熟。

(13)火村红杏　原产北京门头沟区火村,现主要分布于门头沟火村一带,延庆也有少量栽培。果实圆形,缝合线显著,果顶平圆,平均单果重30.5g,最大果重55.0g;果皮底色橙黄,阳面紫红色斑点成片状;果肉橙黄色,肉质细,汁中多,纤维少,酸甜适口,含糖量12.5%;离核,苦仁。6月底7月初成熟。

(14)金太阳杏　果实圆形,平均单果重66.9g,最大90g。果顶平,缝合线浅不明显,两侧对称;果面光亮,底色金黄色,阳面着红晕,外观美丽。果肉橙黄色,味甜微酸可食率95%,离核。肉质鲜嫩,汁液较多,有香气,可溶性固形物13.5%,甜酸爽口,5月下旬成熟,花期耐低温,极丰产。极耐低温,极丰产。

11. 柿品种

(1)磨盘柿　又称大磨盘柿、盖柿,在北京地区主要分布在房山、平谷和昌平三区县,其他区县及城区也有栽培。磨盘柿年产量 5 000 万 kg,是北京地区主栽品种。

在北京地区涩柿品种中,以磨盘柿果实最大,平均单果重 234 g,最大果重 475 g;果形圆而扁,缢痕明显,位于果腰,将果实分为上下两个部分,状如磨盘;果皮开始着橘黄色,采后转为橘红色,果面细腻,光洁;果肉多汁,纤维少,味甘,无核;易脱涩,耐贮运。磨盘柿在北京地区 3 月下旬芽萌动,4 月初萌芽,初花期 5 月中旬,果实着色期 9 月中旬,采收期 10 月中、下旬,落叶期 11 月上旬。

(2)杵桃柿　又称灯笼柿,主要分布于房山区周口店一带,为当地地方品种,栽培历史悠久。果实圆形,似桃子,由此得名杵桃柿;部分有缢痕,缢痕多呈遗痕形,位于柿蒂附近;平均单果重 135 g,最大果重 156 g;果皮橙红色,表面光滑,细腻,皮薄而软;果肉橘黄色,无褐斑,纤维较多,汁液多,较磨盘柿甜;有核 3～8 枚,多为 5～6 枚;易脱涩,较不耐贮运,品质中上等。

该品种在房山地区萌芽期 4 月上旬,初花期 5 月中旬,与磨盘柿相同;雄花期长,可延续至 6 月初;着色期 9 月初,较磨盘柿早 2 周左右;果实成熟期 10 月中、下旬,落叶期 11 月上旬。

(3)金灯柿　主要分布于房山区青龙湖镇北车营村,是该区一个地方品种,多栽植于房前屋后,供观赏用,很少栽植于田间。

金灯柿果实心形,果顶钝尖,外形美观,果小,平均单果重 54.5 g,最大单果重 68 g,大小较整齐;果皮较厚,橘红色,表面细腻,无缢痕;果肉橘黄色,无褐斑,纤维少,极甜,核 3～8 枚,多为 5～6 枚;较不易脱涩,耐贮运,品质中等。

该品种在房山地区萌芽期为 4 月中旬,初花期 5 月中下旬,较磨盘柿稍晚;果实着色期为 9 月初,较磨盘柿早 2 周左右;成熟期 10 月中下旬,落叶期 11 月上旬。

(4)杵头扁 分布于平谷区乐政务、刘店、大华山等乡镇,是平谷区一个优良的地方品种,在当地栽培历史长久,年产量 60 万 kg 左右。果实扁、圆形,无缢痕,平均单果重 79～150 g,果实大小不整齐;果皮表面细腻,橙黄色,有片状锈斑;果肉橙黄色,褐斑多,极甜,无核;易脱涩,不耐贮运,品质上等,既可鲜食,又可加工制作柿饼。该品种萌芽期 4 月上旬,花期 5 月中下旬,果实成熟期 10 月上旬,落叶期 11 月上中旬。

(5)火柿 平谷区的优良地方品种之一,也为该地区的主栽品种,栽培历史悠久,起源不详。火柿果实有圆形和高桩形之分,无缢痕;圆形果实稍扁,平均单果重 71.7 g;高桩形果实平均单果重 72.2 g,两种果形大小均不整齐;果皮橘红色,果肉橘黄色或橘红色,有褐斑;果实硬,极甜,无核;易脱涩,皮薄,不耐贮运,品质上等,可加工制作柿饼。火柿萌芽期 4 月上旬,花期 5 月中下旬,成熟期 10 月上旬(果实着色后 2 周即可采收),落叶期 10 月下旬。

(6)八月黄 又称平谷八月黄。主要分布在平谷区黄松峪村,为北京地方品种,现有 300 余株成年大树,多为百年以上。近年来,该地区也发展了大面积幼树。八月黄果实大,平均单果重 210～260 g;果形圆而扁,缢痕明显,位于果腰,将果实分成上下两部分,呈磨盘形(与磨盘柿极为相似);果皮橙黄色,表面细腻,光洁;果肉橙黄色,无核,无褐斑,纤维少,汁液特多,味甜,硬柿脆而甜;易脱涩,不耐贮运。八月黄柿芽萌动期在3月下旬,萌芽期4月初,展叶期4月中旬,初花期5月中、下旬,着色始期8月底,果实成熟期9月下旬(农历8月),由此得名"八月黄",较磨盘柿提早约1个月,落叶期10月下旬。

二、北京都市农业果品病虫害防治

（一）苹果病虫害

1. 苹果虫害

苹果害虫种类很多，大约有769种，北京地区以食心虫类、叶螨类、卷叶蛾类、蚜虫类为害严重。

1）桃小食心虫

【寄主与危害状】

桃小食心虫属鳞翅目蛀果蛾科。简称"桃小"，又名蛀果蛾，是我国北部和中部地区重要的果树害虫，各地均有发生。寄主植物已知有十多种，以苹果、梨、枣、山楂受害最重。

此虫为害苹果时，被害果在幼虫蛀果后不久，从入果孔处流出泪珠状的胶质点。胶质点不久就干涸，在入孔处留下一小片白色蜡质膜。随果实生长，入果孔愈合成一个小黑点，周围果皮略呈凹陷。幼虫入果后在皮下潜食果肉，果面上出现凹陷的潜痕，果实变形，成畸形果，又叫"猴头果"。幼虫发育后期，食量增加，在果内纵横潜食，粪排在果实内，造成所谓"豆沙馅"，果实失去食用价值，损失严重。

【形态特征】(图 1)

成虫:体长 5~8 mm,翅展 13~18 mm,全体灰白色或浅灰褐色,前翅近前缘中部有一个蓝黑色近乎三角形的大斑,基部及中央部分有 7 簇黄褐色或蓝褐色的斜立鳞片。雄性下唇须短,向上翘,雌性下唇须长而直,略呈三角形,后翅灰色,缘毛长,浅灰色。

卵:深红色,桶形,以底部黏附于果实,卵壳上有不规则略呈椭圆形刻纹。端部 1/4 处环生 2~3 圈"Y"状刺毛。

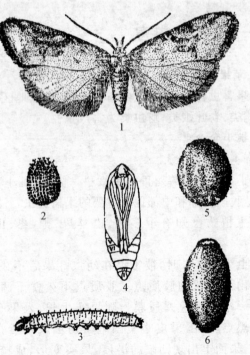

图 1　桃小食心虫

1. 成虫　2. 卵　3. 幼虫　4. 蛹
5. 冬茧　6. 夏茧

幼虫:老龄幼虫体长 13～16 mm,全体桃红色,幼龄幼虫淡黄白色。头褐色,前胸背板深褐色或黑褐色,各体节有明显的褐色毛片。

蛹:体长 6.5～8.6 mm,全体淡黄白色至黄褐色,体壁光滑无刺,翅、足及触角端部不紧贴蛹体而游离。茧有两种:一种是扁圆形的越冬茧,由幼虫吐丝缀合土粒而成,十分紧密;另一种是纺锤形的"蛹化茧",又叫"夏茧",质地疏松,一端留有羽化孔。

【发生规律】

桃小食心虫在北京每年发生 2 代,以老熟幼虫在土下 3～6 cm 深处做冬茧越冬。第 2 年夏初幼虫破茧爬出土面,在土块下、杂草等缝隙处作纺锤形"夏茧",在其中化蛹。幼虫出土始期因地区、年份和寄主的不同而有差异。翌春平均气温约 16℃、地温约 19℃时开始出土,在土块或其他物体下结蛹化茧化蛹。6～7 月间成虫大量羽化,夜间活动,趋光性和趋化性都不明显。6 月下旬产卵于苹果、梨的萼洼和枣的梗洼处。初幼虫先在果面爬行啃咬果皮,但不吞咽,然后蛀入果肉纵横串食。蛀孔周围果皮略下陷,果面有凹陷痕迹。7～8 月为第 1 代幼虫为害期,8 月下旬幼虫老熟,结蛹化蛹,8～10 月发生第 2 代。中、晚熟品种采收时仍有部分幼虫在果内,随果带入贮存场所。

【调查要点与预测预报】

(1)调查要点 在苹果园里发现桃蛀果蛾成虫之后,立即进行卵果率调查。在上年有桃蛀果蛾发生的地块,一块地抽查 3％～5％的苹果树,在金冠和国光树上,从树的四周和内膛随机调查 100 个果实,检查萼洼处有卵和无卵果数,每 5 d 调查 1 次。当卵果率达到防治指标时,按指标进行树上药剂防治。

调查越冬虫口基数,一般选择有代表性的果园,在园子中间选 5 个点,取样以株为单位。于树干周围分别以 30 cm、60 cm、90 cm 为半径划 3 个同心圆,然后在东南西北 4 个方位直线挖取深 10 cm、长宽各 30 cm 的坑(样点),共 12 个(每个圆环上 4 个样点)。然后分别过筛去土,找出其中冬茧计数。

(2)预测预报　根据桃蛀果蛾生活习性和发生规律,应加强虫情监测,采用树下树上相结合的防治方法。加强虫情监测。树下适期施药的虫情调查方法在苹果园里设置桃蛀果蛾性外激素水碗诱捕器 5 个,将诱捕器挂于树上背阴处,距地面高度 1.5 m 左右。一般是苹果落花后半个月左右开始,每天检查各诱捕器诱捕蛾数,当诱捕到蛾后,立即进行树下地面药剂防治。

【防治方法】

(1)消灭越冬出土幼虫,秋冬深翻埋茧。根据桃小食心虫过冬茧集中在根际土壤里的习性,在越冬幼虫出土前夕或蛹期,在根际方圆 1 m 地面培土约 30 cm 厚,使土壤过冬幼虫或蛹 100% 窒息死亡。也可结合秋季开沟施肥,把树盘下 3~10 cm 表土填入 30 cm 深沟内,将底土翻到表面。

(2)生物防治。桃小食心虫天敌有十余种,捕食天敌有蚂蚁、步行虫、蜘蛛、花蝽、粉蛉、瓢虫等。寄生天敌有甲腹茧蜂、齿腿姬蜂、长距茧蜂和桃小白茧蜂等。喷施青虫菌 6 号或 Bt 乳剂杀灭桃小食心虫初孵幼虫。

(3)药剂防治。

土壤处理:越冬幼虫出土前夕,用 50% 二嗪农乳油(地亚农),每次亩用药量 500 mL,配成药土或稀释成 450 倍水溶液,均匀施于树冠下地面。用 3% 地亚农颗粒剂,每次亩用药量 6.5 kg,连施 3 次。25% 辛硫磷微胶囊剂,每次亩用药量 500 g 兑水 25 kg,拌细土 150 kg,拌匀,果园撒施,连施 2～3 次;或亩用药 0.5 kg 兑水 100 kg,树盘内喷洒,杀死越冬茧蛹和出土幼虫。50％辛硫磷乳油每亩 1 kg,在越冬幼虫出土初期和盛期分 2 次喷施,方法一是将原液稀释30 倍,喷到细土 50 kg 中吸附,将药土撒在树盘地面;二是将药剂稀释 100 倍,直接喷在树盘下。喷洒药后,应及时中耕除草,将药剂覆盖土中。

树上防治:为控制卵和初孵幼虫数量,树上喷药应在成虫羽化产卵和卵的孵化期进行。常用药剂有 1％阿维菌素4 000～6 000 倍液,20％疏果磷乳油 1 000 倍液,20％杀灭菊酯 4 000～5 000 倍液,40％水胺硫磷 1 000 倍液,2.5％溴氰菊酯 2 500～5 000 倍液,对幼虫效果好;2.5％功夫乳油 6 000倍液,20％灭扫利乳油 2 000～4 000 倍液,10％天王星乳油30～50 mg/kg,对卵和初孵幼虫有很好效果,并兼治叶螨。

(4)其他防治措施。从 6 月下旬开始,每隔半个月摘除一次虫果,并加以处理,消灭虫源。成虫发生期用性外激素诱集。幼虫出土期和脱果期果园放鸡。有条件的果园可进行苹果套袋。方法是先对苹果疏花疏果,一律留单果,在桃小食心虫产卵前套袋,果子成熟前 25～30 d 去袋,让苹果着色,可收到很好的防治效果。

2)苹小食心虫

【寄主与危害状】

苹小食心虫属鳞翅目小卷叶蛾科,又叫东北小食心虫。分布东北、华北、西北和江苏。寄主有苹果、梨、沙果、海棠、山楂、山定子等。

幼虫蛀食果实。初孵幼虫蛀入果皮浅层,入果孔周围呈现红色小圈,随幼虫长大,受害处向外扩展。幼虫食害果肉,但一般不深入果心,果面呈直径 1 cm 左右的褐色干疤。虫疤上常有小虫孔数个,并堆集少量虫粪,虫果常早期脱落。

【形态特征】(图2)

成虫:体长4～5 mm,翅展10～11 mm,全体暗褐色并带紫色光泽。前翅前缘有7～9组白色斜线,顶角有一个稍大的黑点,近外缘有黑点4～7个。后翅灰褐色,缘毛灰色。

卵:淡黄白色,半透明,扁椭圆形,中央隆起。

幼虫:老熟幼虫体长7～9 mm,头黄褐色,身体各节背面有两条红色横纹,臀板淡褐色或粉红色,有不规则斑点。

蛹:长4～7 mm,黄褐色,2～7节各有两排短刺,排列不整齐。腹末有8根钩状毛。茧梭形褐色。

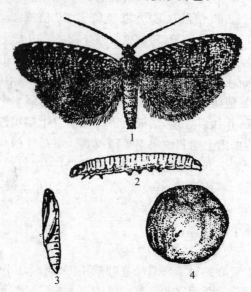

图2　苹小食心虫
1.成虫　2.幼虫　3.蛹　4.果实上的卵

【发生规律】

在北京每年发生2代,以老熟幼虫结污白色薄茧潜伏树皮裂缝、吊枝绳索,支竿及果筐等处作茧过冬,以树体上越冬的数量最多。关中5月中下旬,渭北、延安等地6月上旬越冬代成虫羽化。成虫对糖、醋、蜜、茴香油、黄樟油和短波光有一定趋性。每头雌虫产卵50粒,卵散产,多产在果实胴部,卵期4～7 d。幼虫孵化后先在果面爬行1～7 cm,然后咬破果皮,蛀入果中,向四周食害果肉,入果后2～3 d虫疤上有2～3个排粪孔,3～4 d流出第1次果胶,7～14 d流出第2次果胶。幼虫在果内发育20 d左右,第1代蛹期10～15 d,在树皮裂缝处化蛹,越冬代蛹期20 d。第2代成虫关中在7月中下旬,渭北7月下旬,延安8月上旬。8月下旬老熟幼虫开始脱果,9月上旬为幼虫脱果盛期,脱果幼虫在枝干皮缝内作茧越冬。

【防治方法】

(1)消灭越冬幼虫。苹果发芽前,彻底刮除老树皮、裂皮和翘皮,对消灭越冬虫源有显著作用,并能兼治其他害虫。

(2)适时喷药保护,防止幼虫蛀果为害。当卵果率达0.5%～1%时,开始用2.5%溴氰菊酯2 500～5 000倍液、2.5%功夫乳油6 000倍液、20%灭扫利乳油2 000～4 000倍液、10%天王星6 000～8 000倍液喷雾,对卵和初孵幼虫有很好效果,又能杀死初孵幼虫和初入果幼虫;成虫发生期利用糖醋液(糖5份、酒5份、醋20份)诱杀。

3)苹果绵蚜

苹果绵蚜属同翅目绵蚜科。又名血色蚜虫、赤蚜、绵蚜,是国内及国外检疫对象之一。

【寄主与危害状】(图3)

绵蚜除寄生于苹果外,尚有山荆子、海棠及花红。苹果绵蚜为害的结果,严重影响苹果树的生长发育和花芽的分化,因而使树势衰弱,树龄缩短,产量及品质减低。其次,由于瘤状虫瘿的破裂,容易招致其他病虫害的侵袭,如苹果透翅蛾及苹果树腐烂病等的发生。在发生较重的果园,绵蚜也能为害果实,幼树受害重时果园可全部被毁灭。

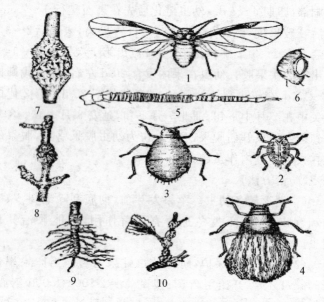

图 3 苹果绵蚜

1. 有翅胎生雌蚜 2. 若虫 3. 无翅雌蚜

4. 有翅雌蚜 5. 有翅雌蚜触角腹面观

6. 有翅雌蚜腹管 7～10. 被害状

【形态特征】(图 3)

无翅胎生雌蚜体卵圆形,红褐色,长 1.8～2.2 mm。头部无额瘤,复眼暗红色,触角 6 节。腹部肥大,背面堆积白色绵状物,揭去可以看到 4 条纵列的泌蜡孔。有翅胎生雌蚜体长 1.7～2.0 mm,翅展约 5.5 mm。头、胸部黑色,額瘤不明显,复眼暗红色,单眼 3 个,色深。触角 6 节。

【发生规律】

在北京 1 年发生 10～12 代,以 1 或 2 龄若蚜越冬。越冬部位较分散,地上部多在树干粗皮裂缝中、腐烂病病疤刮口边缘、剪锯口边缘处,地下部多在根瘤的皱褶中。翌年 4 月上旬越冬若蚜开始活动为害,5 月上旬开始繁殖,以孤雌生殖产生无翅胎生雌蚜,繁殖最盛期的 5 月下旬至 7 月上旬,完成一代仅 8 d。9 月中旬以后,日光渐少,气温下降有利于苹果绵蚜的繁殖,发生量又逐渐增多。10 月份又出现繁殖盛期。11 月份,若蚜陆续进入越冬。

除无翅胎生雌蚜以外,还有有翅胎生雌蚜为害,有翅胎生雌蚜前期(5～6 月)发生少,为害轻,8 月下旬以后逐渐增多,以 9 月下旬至 10 月中旬最多。

【防治方法】

(1)严格检疫。苹果绵蚜是检疫对象,对此虫要实行检疫措施,禁止从疫区往保护区调运苗木、接穗,防止苹果绵蚜传播。

(2)刮除翘皮。早春苹果发芽前,枝干刮除翘裂老树皮之后,再涂 40％蚜灭多与黄泥浆(以 40％蚜灭多 0.5 kg,细黄黏土 15 kg,水 15 kg,适量鲜牛粪配制成)。

(3)药剂防治。开花前落花后结合防治螨类和其他蚜虫,可喷 40％蚜灭多乳油 1 500 倍液杀灭活动绵蚜。

4)苹果瘤蚜和锈线菊蚜

【寄主与危害状】(图 4 和图 5)

苹果瘤蚜又叫苹瘤额蚜、苹卷叶蚜,锈线菊蚜又叫苹果黄蚜、苹果蚜,均属同翅目蚜科,是苹果树的重要害虫。两种蚜虫在全国各苹果产区均有分布,苹果瘤蚜主要寄主植物有苹果、沙果、海棠等,苹果锈线菊蚜寄主植物有苹果、梨、桃、李、杏、樱桃、沙果、海棠、山楂等。两种蚜虫均以成蚜和若蚜群集叶片、嫩芽吸食汁液,苹果瘤蚜为害叶片后,叶片向背面纵卷成筒状;锈线菊蚜为害后,叶尖向背面横卷,影响光合作用,抑制新梢生长,严重时引起早期落叶,树势衰弱。

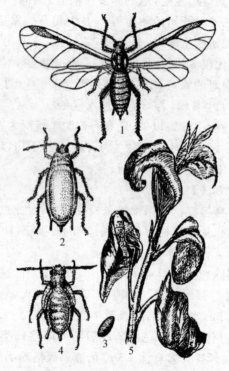

图 4　锈线菊蚜

1. 有翅胎生雌蚜　2. 无翅胎生雌蚜　3. 卵　4. 若虫　5. 被害状

【形态特征】(图 4 和图 5)

(1)苹果瘤蚜

成虫:无翅胎生雌蚜体长约 1.4 mm,体暗绿色或绿褐色,复眼红色,腹管褐黑色。

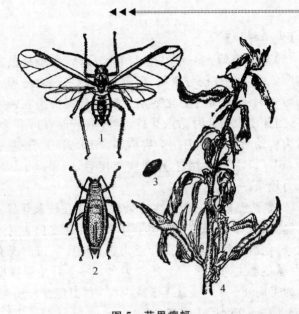

图5 苹果瘤蚜

1. 有翅胎生雌蚜 2. 无翅胎生雌蚜 3. 卵 4. 被害状

有翅胎生雌蚜头部有明显的额瘤,头胸部暗褐色,腹部暗绿色,腹管褐绿色,翅透明。

若虫:淡绿色。

卵:长椭圆形,黑绿色。

(2)绣线菊蚜

成虫:无翅胎生雌蚜体长约 1.6 mm,体黄色,黄绿色或绿色,头部淡黑色。复眼、腹管均为黑色,触角基部淡黑色。

有翅胎生雌蚜头胸部,蜜管黑色,腹部黄绿色或绿色,翅透明。

若虫:鲜黄色,触角、复眼、足、腹管均为黑色。

卵:椭圆形,漆黑色。

【发生规律】

(1)苹果瘤蚜。一年发生十多代,以卵在小枝条的芽缝、芽基、一年生枝条分杈处、剪锯口处越冬。越冬卵4月上旬孵化,4月中旬为孵化盛期。初孵若蚜群集在嫩叶上为害,当芽膨大裂开时钻入芽缝,嫩叶展开时在叶背为害,以后为害幼果。5～6月为为害盛期,7～8月田间蚜量逐渐减少,10～11月产生性蚜,雌雄蚜交尾后,产卵越冬。雌蚜抗寒力较强。

(2)锈线菊蚜。一年发生十余代,以卵在枝条芽缝或树皮裂缝中越冬。一般在苹果幼树上较多。越冬卵4月上旬孵化,孵化出的幼蚜群集在叶上为害。5月下旬出现有翅蚜,由越冬寄主向苹果树上迁飞为害,6～7月是锈线菊蚜严重为害期,8～9月数量逐渐减少,10月出现性母迁飞,然后产生性蚜,交配后产卵越冬。

【防治方法】

(1)生物防治。蚜虫类的天敌有多种,常见的有瓢虫、草蛉、食蚜蝇、捕食螨、寄生蜂等。

(2)药剂防治。5月上旬蚜虫发生初期,对10年生以下的树用50%辟蚜雾可湿性粉剂内吸杀虫剂稀释成10倍左右,涂在主干上部或主枝基部,涂成6 cm宽的药环,3～5 d后产生药效;早春苹果发芽前,喷5%柴油乳剂消灭越冬卵。生长期喷施50%灭蚜松1 200～1 500倍液,50%辟蚜雾可湿性粉剂2 000～3 000倍液,2.5%敌杀死乳油3 000～5 000倍液,20%杀灭菊酯乳油3 000～5 000倍液,20%吡虫啉10 000倍液。

(3)挂袋熏蒸。用50%异丙磷乳油0.5 kg与细砂100 kg混合制成毒砂,每砂布袋装0.5 kg毒砂,每株树挂1～2个砂袋,熏蒸蚜虫,残效期15 d左右。

5)舟形毛虫

【寄主与危害状】

舟形毛虫属鳞翅目舟蛾科。全国各苹果产区都有分布。主要寄主有苹果、梨、李、杏、桃、梅、海棠、沙果、山楂、核桃、板栗等。是果园后期发生的一种常见害虫,山地或平地果园均普遍发生,一般仅个别植株受害严重。

幼虫常数十头群集叶上取食,初龄幼虫食成网眼状,稍大即可食尽全叶,仅留叶柄,一株树上若有一个卵块,一个大枝或全树叶片即可吃光。幼虫群集叶上时,一般头向外整齐排列于叶缘,静止时头和腹末上举似船形,故称舟形毛虫。

【形态特征】(图6)

成虫:体长22 mm,翅展49～52 mm,体黄白色,腹部前端5节为黄褐色,前翅银白色稍带黄色。翅基部有1个和近外缘有6个大小不一的椭圆形斑纹,中间部分有4条淡黄色曲折的云状纹。

卵:球形,淡绿色或灰色,产在叶背,常几十个到几百个排成整齐的卵块。

幼虫:体长52～54 mm,头黑色,胴部背面紫黑色,腹面紫红色,体上生有黄白色长毛。

蛹:体长约23 mm,暗红褐色,腹末有2个2分叉的刺。

【发生规律】

北京一年发生1代。以蛹在受害果树下4～8 cm深土中越冬。如果地面坚硬,则在枯草、落叶、石块、石砾及墙缝等处越冬。在北方成虫于6月中、下旬至8月上旬出现,盛期在7月中、下旬,在南方成虫于7～9月出现,盛期在8月。成虫昼伏夜出,对黑光灯有较强趋性,有一定假死性。产卵于叶片背面,每头雌蛾产卵1～3块,平均产卵320粒,

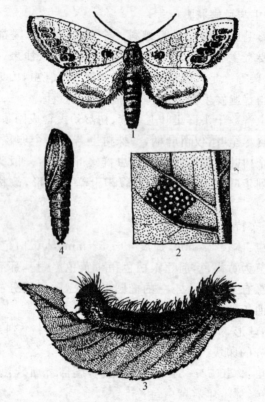

图 6　舟形毛虫

1. 成虫　2. 卵　3. 幼虫　4. 蛹

最多 600 多粒。卵期 6～13 d。幼虫 5 龄，1～4 龄幼虫有群集性，以 1 龄幼虫为最强，若强行分开，不久仍会聚集。

【防治方法】

（1）翻耕树盘。秋冬浅耕树盘附近表土，将蛹翻出并销毁。

（2）人工捕杀。7 月中旬开始，经常检查虫情，在幼虫分散为害之前,利用幼虫受惊吐丝下垂的习性,振落幼虫并消灭。

(3)药剂、生物防治。在幼虫为害初期喷 90％敌百虫 1 500 倍液、50％敌敌畏、50％杀螟松乳油 1 000 倍液,75％辛硫磷 2 000 倍液、Bt 乳剂 500 倍液、25％灭幼脲 3 号 1 000 倍液、5％卡死克乳油 1 000～1 500 倍液,也可喷青虫菌、杀螟杆菌等生物农药。

6)金纹细蛾

【寄主及危害状】(图7)

金纹细蛾属鳞翅目细蛾科。北方果区分布普遍。主要危害苹果,还可危害海棠、梨、桃、李、樱桃等。幼虫潜入叶背表皮下取食叶肉,后期虫斑呈梭形,长径约 1 cm,下表皮

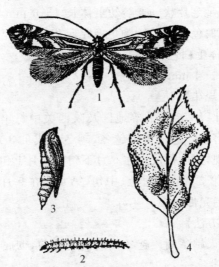

图7　金纹细蛾
1. 成虫　2. 幼虫　3. 蛹　4. 被害状

与叶肉分离,并被幼虫将剥离的下表皮横向缀连,使叶背面形成一皱褶,叶片正面虫斑呈透明网眼状,黑色粪便堆积在虫斑内。严重时,一叶上有虫斑数个,使叶扭曲皱缩,虫斑处表皮干枯,引起早期脱落。

【形态特征】(图7)

成虫:体长约 2.5 mm,翅展约 6.5 mm,头、胸、腹、前翅金褐色,头顶有 2 丛银白色鳞毛,复眼黑色。前翅狭长,基部有 3 条银白色纵带,前翅端部前缘有 3 个银白色爪状纹,后缘有一个三角形白色斑。后翅狭长,灰褐色,有长缘毛。

卵:扁椭圆形,乳白色,半透明,有光泽。

幼虫:初龄幼虫体扁平,乳白色,半透明,头三角形,胸足退化,腹足毛片状。老龄幼虫体长 4～6 mm,体细长,扁纺锤形,黄白色,头扁平,胸足及尾足发达,腹足 3 对(缺第 4 对足)。体毛白色较长。

蛹:体长 4 mm,黄褐色。

【发生规律】

在东北、华北、西北等地区及陕西关中每年发生 5 代,以蛹在受害落叶的虫斑中越冬,越冬代成虫 3 月下旬至 4 月中旬出现,第 1 代成虫在 5 月下旬至 6 月上旬,第 2 代在 7 月上旬,第 3 代在 8 月上、中旬,第 4 代在 9 月中旬出现。成虫有弱趋光性。

【防治方法】

(1)消灭越冬蛹。越冬代成虫羽化前,彻底清扫落叶,消灭越冬蛹。

(2)药剂防治。越冬代和第 1 代成虫发生期相当集中,是药剂防治的关键时期。常用药剂有 5% 卡死克 1 000 倍液、Bt 乳剂 500 倍液、25% 灭幼脲 3 号 1 000 倍液、5% 卡死克乳油1 000～1 500倍液,也可喷青虫菌、杀螟杆菌等生物农药。

7)苹果小卷叶蛾

【寄主及危害状】(图8)

苹果小卷叶蛾简称"小卷",俗名卷叶虫。属鳞翅目卷叶蛾科。国内分布广泛,东北、华北、华中、华东、西北、西南等地区均有发生。食性很杂,寄主很多,除为害苹果外,还为害梨、海棠、山楂、桃、李、杏、樱桃、石榴、荔枝、龙眼、橄榄、柿、枇杷、柑橘、茶、棉等多种果树、林木和其他作物。

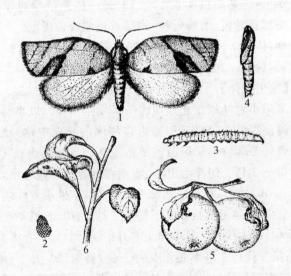

图8 苹果小卷叶蛾

1. 成虫 2. 卵 3. 幼虫 4. 蛹 5. 被害果 6. 被害叶片

早春越冬幼虫为害嫩芽,轻者将嫩芽吃得残缺不全,流出大量胶滴,重者嫩芽枯死,影响抽梢开花。吐蕾时,幼虫不但咬食花蕾,并吐丝缠绕花蕾,使花蕾不能开放,影响坐果。展叶后,小幼虫常将嫩叶边缘卷曲,在其内舔食叶肉,以后吐丝缀合嫩叶,啃食叶肉,并多次转移到新梢吐丝卷叶为害嫩叶,妨碍新梢生长。

【形态特征】(图8)

成虫:体长5~8 mm,翅展16~20 mm,个体间体色变化较大,一般以黄褐色为多,下唇须较长,伸向前方。前翅略呈长方形,静止时覆盖在体躯背面,呈钟罩状。

卵:扁平椭圆形,淡黄色,半透明,近孵化时,出现黑褐色小点。卵块多由数十粒卵排列成鱼鳞状。

幼虫:老熟幼虫体长13~18 mm,体色浅绿色至翠绿色。头部黄绿色,前胸盾片、胸足黄色或淡黄褐色。

蛹:体长7~10 mm,黄褐色。第2~7腹节背面有两列刺突,后面一列小而密,尾端有8根钩状刺毛。

【发生规律】

苹果小卷叶蛾在北京地区一年发生4代。以小幼虫潜藏在树皮裂缝、老翘皮下,剪锯口周围的死皮中,枯叶与枝条贴合处等部位作长形白色薄茧越冬。越冬幼虫在翌年4月中旬至5月上旬开始出蛰,盛期在金冠品种盛花期,前后连续25 d左右。在辽宁南部苹果产区,苹果小卷叶蛾各代成虫发生期:越冬代自5月下旬至7月上、中旬,盛期在6月中、下旬;第1代自7月中旬至8月中、下旬,盛期在8月上、中旬;第2代自8月下旬至9月下旬,盛期在9月上、中旬。由于成虫羽化后只经1~2 d(越冬代为2~4 d)即可产卵,因此各代卵的发生期与其相应各代成虫发生期基本一致。

8)顶梢卷叶蛾

【寄主及危害状】(图9)

顶梢卷叶蛾属鳞翅目卷叶蛾科。在我国东北、华北、华中、华东、西北普遍分布,是苹果的主要害虫。除苹果外,海棠、梨、山楂、桃也受害。

　　幼虫专害嫩梢,吐丝将新梢数片嫩叶缠缀成拳头状虫
苞,并且刮下叶背绒毛织成筒巢(茧),幼虫潜藏其中,仅在
取食时身体露出茧外,被害新梢干枯,生长受到抑制,被害
梢枯叶至冬季仍残留梢头而不落,容易识别。一般生长旺
盛的幼树和果苗受害较重,影响幼树树冠扩大,开始结果
晚,果苗出圃期延迟,质量下降。

【形态特征】(图 9)

　　成虫:体长 6～8 mm,翅展 12～15 mm。全体银灰色,前

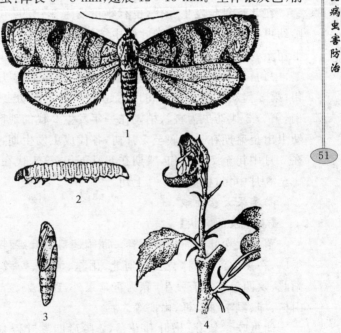

图 9　顶梢卷叶蛾
1. 成虫　2. 幼虫　3. 蛹　4. 被害状

翅近长方形,身体和前翅淡灰褐色,翅面上有许多深灰色波状横纹,前缘至臀角间具有 6～8 条黑褐色平行短纹,后缘外侧有 1 个三角形褐色斑,两翅合并时组成 1 菱形褐色斑。

卵:乳白色,半透明,扁平,长椭圆形。

幼虫:老熟幼虫体长 8～12 mm,体形粗短,污白色。头略带红褐色,前胸背板和胸足漆黑色。无臀栉。

蛹:长 5～8 mm,黄褐色。腹末有 8 个钩状刺毛和 6 个小齿。茧黄白色绒毛状。椭圆形。

【发生规律】

在北京每年发生 2 代,也有年份发生 3 代的。以 2～3 龄幼虫主要在枝梢顶端卷叶团中结茧越冬。越冬代在 5 月下旬至 6 月末;第 1 代在 6 月下旬至 7 月下旬,盛期在 7 月上、中旬;第 2 代在 7 月下旬至 8 月末,盛期在 8 月上、中旬;第 3 代幼虫在 9 月下旬以后越冬。第 1 代幼虫为害春梢,第 2、3 代幼虫为害秋梢。在一年发生 2 代的地区,越冬幼虫出蛰盛期在 4 月底至 5 月初,各代成虫发生期:越冬代在 6 月中旬至 7 月上旬,盛期在 6 月下旬;第 1 代在 7 月下旬至 8 月中旬,盛期在 8 月上旬。

9)苹果大卷叶蛾

【寄主及危害状】

苹果大卷叶蛾简称苹大卷。属鳞翅目卷叶蛾科。分布很广,在黑龙江、吉林、辽宁、河北、山东、河南、安徽、江苏、湖北、陕西等省均有发生,除为害苹果外,还有梨、杏、樱桃、山楂、柿、鼠李、柳、栎、山槐等。

幼虫咬食新芽、嫩叶和花蕾,2 龄后即卷叶侵食叶肉,又啃食果实表皮和萼洼,影响果树正常生长及果实质量。

【形态特征】(图 10)

成虫:体长 10～13 mm,翅展 19～34 mm。全体土黄

竭色或暗褐色。前翅近长方形,中带前窄后宽,中部以下向外侧突出呈现"b"字形,端纹近半圆形或近三角形。雄蛾前翅前缘褶长,雌蛾前翅缘拱起,顶角明显突出。后缘灰褐色。

卵:卵粒较大且厚,呈深黄色,卵块排列成鱼鳞状。

幼虫:老熟幼虫体长 23～25 mm,头部较大,头壳上有许多斑条,以侧后部的"山"形褐色斑纹最为明显。前胸盾片两侧缘及后缘黑褐色,后缘近中线两侧各有一深褐色斑。胴部黄绿色或暗绿色稍带灰色,毛片较大,刚毛细长,臀栉 5 齿。

蛹:体长 9～14 mm,红褐色,尾端有钩状毛 8 根。

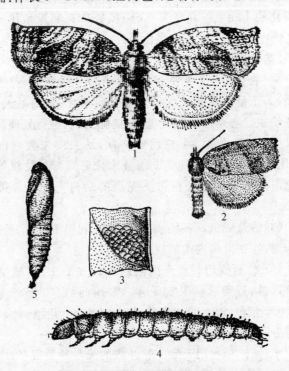

图 10　苹果大卷叶蛾

1. 雌成虫　2. 雄成虫　3. 卵　4. 幼虫　5. 蛹

【发生规律】

在北京每年发生 2 代。以幼龄幼虫结白色丝茧在老粗皮下、剪锯口四周或附着于枝杆部位的枯叶内越冬,翌年苹果芽开绽时开始出蛰。爬至嫩芽、新叶及花蕾上取食,幼虫稍大后缀叶为害。幼虫活泼,稍受惊扰即吐丝下垂,幼虫老熟后,于卷叶内化蛹,蛹期 6~9 d,各代成虫发生期:越冬代在 6 月初至 7 月初,盛期 6 月中、下旬,第 1 代在 8 月上旬至 9 月下旬,盛期在 8 月中、下旬。成虫有趋化性和趋光性,白天潜伏夜间活动,产卵于叶片上,卵经 5~8 d 孵化,初孵化的小幼虫能吐丝下垂,随风转移到邻近植株。以第 2 代幼龄幼虫于 10 月份潜伏越冬。

【防治方法】

(1)农业防治。果树休眠期,结合冬季修剪,剪除被害新梢,人工刮除粗老树皮和枝干上的干叶,集中处理,消灭越冬幼虫。春季结合疏花疏果,摘除虫苞,进行处理。

(2)涂杀幼虫。果树萌芽初期,幼虫尚未大量出蛰以前,用 50% 敌敌畏乳油 200 倍液涂抹剪锯口和枝杈等部位杀死出蛰幼虫。此法在树皮光滑的幼树上进行效果尤为显著。

(3)诱杀成虫。各代成虫发生期,利用黑光灯、糖醋液、性诱剂,挂在果园内诱捕成虫。

(4)树冠喷药。重点防治越冬代和第 1 代,减少前期虫口数量,避免后期果实受害。常用药剂有 2.5% 溴氰菊酯 5 000 倍液,20% 杀灭菊酯 2 000~4 000 倍液,10% 氯氰菊酯 1 500~2 000 倍液。

(5)保护和利用天敌。卷叶蛾的天敌种类很多,应当保护。有条件的地区还可在卷叶蛾卵孵化初盛期释放松毛虫、赤眼蜂防治。

10）美国白蛾

【寄主及危害状】

美国白蛾又名秋幕毛虫，属鳞翅目灯蛾科。美国白蛾食性杂，传播快，为害猖獗，是重要的世界性检疫害虫。主要为害果树、行道树和观赏阔叶树。

幼虫群集吐丝在树上结成大型网幕，网幕直径有的达1 m以上，幼虫在网幕内将叶片叶肉吃光，重者将叶片吃光，是重要的检疫对象。

【形态特征】(图 11)

成虫：雌蛾为纯白色中型蛾，体长 9～12 mm，翅展24～35 mm。雄蛾触角黑色，双栉齿状，前翅散生几个或多个黑褐色斑点。雌蛾触角褐色。锯齿状，前翅纯白色，后翅常为白色，近缘处有小黑点。前足基节、腿节为橘黄色，胫节、跗节内侧白色，外侧黑色；中、后足腿节白色或黄色，胫节，跗节上常有黑斑。

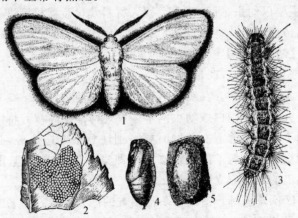

图 11　美国白蛾
1. 成虫　2. 卵　3. 幼虫　4. 蛹　5. 茧

卵:圆球形,初产时淡黄绿色或浅绿色,后变为灰绿色,孵化前变为灰褐色,有较强光泽,卵面布有规则的凹陷刻纹。卵单层成块,有 $500\sim600$ 粒,卵块上覆盖白色鳞毛。

幼虫:有黑头型和红头型之分。

【发生规律】

在北京一年发生 2 代。以蛹结茧在树皮下、地面枯枝落叶及表土内越冬。成虫发生期:越冬代在 5 月中旬至 6 月下旬,第 1 代在 7 月下旬至 8 月中旬;幼虫发生期分别在 5 月下旬至 7 月下旬,8 月上旬至 11 月上旬。幼虫为害盛期分别在 6 月中旬至 7 月下旬,8 月下旬至 9 月下旬。在平均气温 $18\sim28℃$ 时,卵期 $4\sim11$ d,平均 7 d;幼虫期 $34\sim47$ d,平均 40 d;蛹期 $9\sim11$ d,平均 10 d。幼虫 7 龄,幼虫孵化几小时后即可拉丝结网,$3\sim4$ 龄时,网幕直径可达 1 m 以上,最大网幕可长达 3 m 以上。幼虫一生可食叶 $10\sim15$ 片,饥饿 $5\sim15$ d 不死亡。美国白蛾除成虫飞翔自然扩散外,主要以幼虫、蛹随苗木、果品、材料及包装器材等进行远距离传播。

【防治方法】

(1)人工物理防治

①剪除网幕。在美国白蛾幼虫 3 龄前,每隔 $2\sim3$ d 仔细查找一遍美国白蛾幼虫网幕。发现网幕用高枝剪将网幕连同小枝一起剪下。剪网时要特别注意不要造成破网,以免幼虫漏出。剪下的网幕必须立即集中烧毁或深埋,散落在地上的幼虫应立即杀死。

②围草诱蛹。适用于防治困难的高大树木。在老熟幼虫化蛹前,在树干离地面 $1\sim1.5$ m 处,用谷草、稻草把或草帘上松下紧围绑起来,诱集幼虫化蛹。化蛹期间每隔 $7\sim9$ d 换 1 次草把,解下的草把要集中烧毁或深埋。

③灯光诱杀。利用诱虫灯在成虫羽化期诱杀成虫。诱虫灯应设在上一年美国白蛾发生比较严重、四周空旷的地块,可获得较理想的防治效果。在距设灯中心点 50～100 m 的范围内进行喷药毒杀灯诱成虫。

(2)生物防治。苏云金杆菌,对 4 龄前幼虫喷施,使用浓度为 1 亿孢子/mL。美国白蛾核型多角体病毒,适用于 2～3 龄美国白蛾幼虫,使用制剂浓度为(1.5～3.0)×10^7 PIB/mL。

美国白蛾周氏啮小蜂,在美国白蛾老熟幼虫期,按 1 头白蛾幼虫释放 3～5 头周氏啮小蜂的比例,选择无风或微风上午 10 时至下午 5 时以前进行放蜂。放蜂的方法:可采用二次放蜂,间隔 5 d 左右。也可以一次放蜂,用发育期不同的蜂茧混合搭配。将茧悬挂在离地面 2 m 处的枝干上。

(3)仿生制剂防治。对 4 龄前幼虫使用 25%灭幼脲Ⅲ号胶悬剂 5 000 倍液、24%米满胶悬剂 8 000 倍液、卡死克乳油 8 000～10 000 倍液、20%杀铃脲悬浮剂 8 000 倍液进行喷洒防治。

(4)植物杀虫剂防治。适用低龄幼虫,使用 1.2%烟参碱乳油 1 000～2 000 倍液进行喷雾防治。

(5)性信息素引诱。利用美国白蛾性信息素,在轻度发生区成虫期诱杀雄性成虫。春季世代诱捕器设置高度以树冠下层枝条(2.0～2.5 m)处为宜,在夏季世代以树冠中上层(5～6 m)处设置最好。每 100 m 设一个诱捕器,诱集半径为 50 m。在使用期间诱捕器内放置的敌敌畏棉球每 3～5 d 换 1 次,以保证熏杀效果。诱芯可以使用 2 代,第 1 代用后,将诱芯用胶片封好,低温保存,第 2 代可以继续使用。

(6)检疫技术。检疫依照《美国白蛾检疫技术操作办法》(国家林业局林造发[2000]615 号文件)执行。

11) 苹果透翅蛾

【寄主及危害状】

苹果透翅蛾又叫苹果旋皮虫、苹果小透羽。属鳞翅目透翅蛾科。寄主有苹果、沙果、桃、梨、李、杏、梅、樱桃等果树。幼虫在树干枝杈等处蛀入皮层下,食害韧皮部,造成不规则的虫道,深达木质部,被害部常有似烟油状红褐色的粪屑及树脂黏液流出,被害伤口易遭受苹果腐烂病菌侵染,引起溃烂。

【形态特征】(图 12)

成虫:体长 12～16 mm,翅展 25～32 mm,体为蓝黑色,有光泽。翅大部分透明,仅翅的边缘及翅脉为黑色,腹部有两个黄色环纹,雌蛾尾部有两条黄色毛丛,雄蛾尾部毛丛呈扇状,边缘黄色。

卵:扁椭圆形,淡黄色,卵产在树干粗皮缝中或腐烂病伤疤处。

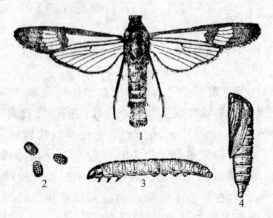

图 12　苹果透翅蛾

1. 成虫　2. 卵　3. 幼虫　4. 蛹

幼虫:老熟幼虫体长 20～25 mm,头黄褐色,胴部乳白色,微带黄褐色,背线淡红色,各体节脊侧疏生细毛,头部及尾部较长。

蛹:黄褐色,腹部 3～7 节背面前后缘各有一排刺突。在蛀孔内化蛹。

【发生规律】

在北京每年发生 1 代,以 3～4 龄幼虫在树干皮层下的虫道中越冬。次年 4 月上旬天气转暖,越冬幼虫开始活动,继续蛀食为害,5 月下旬至 6 月上旬幼虫老熟化蛹。6 月中旬至 7 月上旬是成虫羽化盛期。成虫白天活动,交尾后 2～3 d 产卵,1 头雌蛾产卵 22 粒。将卵产在树干或大枝的粗皮、裂缝、伤疤等处。幼虫 7 月孵化,孵化后即蛀入皮层为害,直到 11 月开始做茧越冬。

【防治方法】

(1)刮治与涂药。秋季和早春结合刮治腐烂病,用刀挖幼虫,发现有红褐色的虫粪和黏液时,涂抹敌敌畏煤油溶液(1：20)。

(2)抹白涂剂。成虫发生期,在树干和主枝上涂抹白涂剂,可防止成虫产卵。

(3)加强管理,增强树势,做好腐烂病的防治工作,可减轻为害。

12)叶螨类

【寄主及危害状】

叶螨又叫红蜘蛛,是果树上的重要害虫。在我国北方为害苹果的叶螨主要有 3 种:山楂叶螨、苜蓿苔螨、苹果全爪螨。属蛛形纲蜱螨目叶螨科。

3 种叶螨均吸食叶片及初萌发芽的汁液。芽受害严重,不能萌发而死亡;叶片受害,最初呈现很多失绿小斑点,随后扩大连成片,最后全叶焦黄脱落。大发生年份,7~8月树叶大部分落光,造成二次开花。严重受害树不仅当年果实不能成熟,还影响当年花芽形成和次年产量。

【形态特征】(图 13)

(1)山楂叶螨

雌成虫:椭圆形,背部隆起。越冬雌虫鲜红色,有亮光。夏季雌虫深红色,背面两侧有黑色斑纹。刚毛细长,基部无瘤。足黄白色,第 1 对不特别长。

卵:圆球形,淡红色和黄白色。

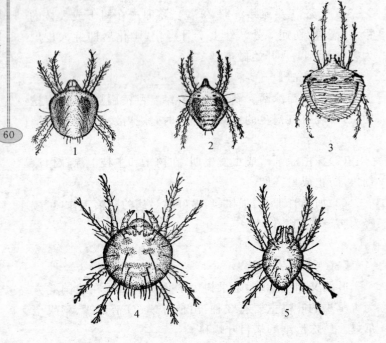

图 13 叶螨类

1、2. 山楂叶螨雌雄成虫　3. 苜蓿苔螨雌虫　4、5. 苹果全爪螨

（2）苜蓿苔螨

雌成虫：扁平，椭圆形。体背边缘有明显的浅沟。褐色，取食后变成黑绿色。刚毛扁平，叶片状。足浅黄色，第1对特别长。

卵：圆球形，深红色有亮光。

（3）苹果全爪螨

雌成虫：半卵圆形，整个体背隆起。深红色，取食后变成变成红褐色。刚毛粗长，刚毛基部有黄白色瘤。足黄白色稍深，第1对不特别长。

卵：圆形稍扁，顶部有1短柄。

【发生规律】

山楂叶螨。一年发生6～10代，以受精雌螨在树上、主侧枝粗皮缝隙、枝杈和树干附近的土缝内越冬。第2年3月下旬苹果树萌芽时，越冬成螨开始出蛰，是药剂防治的第一个关键时期，越冬雌虫4月中下旬产卵，第1代成螨5月中、下旬发生，全年以第1代发生期比较整齐。

正常年份，6月中旬以前虫量增加缓慢，随气温逐渐升高，发育随之加快。6月、7月、8月3个月，每月发生2～3代，7月中旬至8月上旬形成全年为害高峰，往往造成树叶焦枯。

山楂叶螨越冬代雌螨，集中在树的内腔为害，以后各代逐渐向外迁移，扩散主要靠爬行，也可借风力、流水、昆虫、农业机械和苗木接穗传播。有吐丝结网习性，多集中叶背为害。可营两性生殖，也可孤雌生殖，每雌产卵52～112粒。

【防治方法】

（1）人工防治。结合果园各项农事操作，消灭越冬叶螨。如结合刮病斑，刮除老翘皮下的冬型雌性成螨；刷除、擦除树上越冬成螨和冬卵；挖除距树干30～40 cm以内的表土,以消灭土中越冬成螨;或用新土埋压地下叶螨,防止其出土上树;清扫果园等。

(2)药剂防治。果树发芽前在树干基部及其周围地面上喷布 3～5 波美度石硫合剂,可消灭部分越冬雌性成螨。5%矿物油乳剂,常用的为 5%柴油乳剂,配比为柴油 1 kg：洗衣粉 0.15 kg：软水 18.5 kg,花前、花后防治。山楂叶螨的关键时期是越冬雌虫出蛰期和第 1 代卵孵化期;首蓿苔螨和苹果全爪螨则是越冬卵和第 1 代卵孵化盛期。常用杀螨剂有:0.3～0.5 波美度石硫合剂,20%杀螨酯可湿性粉剂 800～1 000 倍。

(3)生物防治。也可试引进西方盲走螨防治山楂叶螨。

13)苹果小吉丁虫

【寄主及危害状】(图 14)

苹果小吉丁虫又名苹果金蛀甲,俗称串皮干、旋皮干,属鞘翅目吉丁虫科。我国辽宁、吉林、黑龙江、河北、山西、内蒙古、山东、河南、湖北、陕西、宁夏、甘肃等省区有分布。主要为害苹果、沙果、海棠,也为害梨、桃、杏等果树。以幼虫在枝干皮层内蛀食,造成枝干皮层干裂枯死,凹陷,变黑褐色,虫疤上常有红褐色黏液渗出,俗称"冒红油"。受害树轻则树势衰弱,重则枝条枯死。特别是苹果幼树果园,受害严重时,2～3 年内全园幼树毁灭。

【形态特征】(图 14)

成虫:体长 6～9 mm,全体紫铜色,有金属光泽,近鞘翅缝 2/3 处各有 1 个淡黄色绒毛斑纹,翅端尖削。

卵:椭圆形,长约 1 mm,橙黄色。

幼虫:体长 16～22 mm,细长而扁平。前胸特别宽大,背面和腹面的中央各有 1 条下陷纵纹,中、后胸特小。腹部第 1 节较窄,第 7 节近末端特别宽,第 10 节密布粒点,末端有 1 对褐色尾铗。

蛹:长 6～10 mm,纺锤形,初为乳白色,渐变为黄白色,羽化前由黑褐色变为紫铜色。

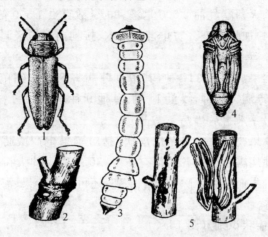

图 14　苹果小吉丁虫
1. 成虫　2. 卵　3. 幼虫　4. 蛹　5. 被害状

【发生规律】

在北京一年发生 1 代,以低龄幼虫在枝干皮层虫道内过冬。次年 3 月幼虫继续在皮层内串食为害,5 月开始蛀入木质部化蛹。成虫盛发期在 7 月中旬至 8 月上旬,将叶片食成缺刻状。成虫白天喜在树冠、树干向阳面活动和产卵。并在向阳枝干粗皮缝里和芽的两侧产卵。8 月为幼虫孵化盛期,孵出的幼虫即蛀入皮层为害。

【防治方法】

(1)保护天敌。苹小吉丁虫在老熟幼虫和蛹期,有两种寄生蜂和一种寄生蝇,在不经常喷药的果园,寄生率可达36%。在秋冬季,约有30%的幼虫和蛹被啄木鸟食掉。

（2）幼虫期防治。早春幼虫在皮层浅处为害时,对渗出红褐色黏液的虫疤,涂抹 1∶20 敌敌畏煤油溶液。

（3）成虫期防治。成虫羽化盛期,结合防治其他害虫,20% 杀灭菊酯乳油 2 000 倍液、90% 敌百虫 1 500 倍液等。

（4）加强检疫。防止带虫苗木、接穗向保护区调运。

2. 苹果病害

苹果病害有 117 种,其中真菌病害 84 种,细菌病害 2 种,病毒病害 8 种,线虫 14 种,其他 9 种。

1）苹果树腐烂病

苹果树腐烂病又名烂皮病,是对苹果生产威胁很大的毁灭性病害。全国各地都有发生,30 年以上的大树多因腐烂病危害而枯死。除为害苹果外,还可寄生沙果、海棠和山定子等。

【症状识别】(图 15)

根据病害发生的季节部位不同,可分为下列几种症状类型:

（1）溃疡型　初期病部为红褐色,略隆起。呈水渍状,组织松软,病皮易于剥离,内部组织呈暗红褐色,有酒糟气味。有时病部流出黄褐色液体,后期病部失水干缩,下陷,硬化,变为黑褐色,病部与健部之间裂开。以后病部表面产生许多小突起。顶破表皮露出黑色小粒点,此即病菌的子座,内有分生孢子器和子囊壳。

（2）枝枯型　多发生在 2～3 年生或 4～5 年生的枝条或果台上,在衰弱树上发生更明显。病部红褐色,水渍状,不规则形,迅速延及整个枝条,终使枝条枯死。病枝上的叶片变黄,园中易发现。后期病部也产生黑色小粒点。

（3）病果型　病斑红褐色,圆形或不规则形,有轮纹,边缘清晰。病组织腐烂,略带酒糟气味。病斑在扩展时,中部常较快地形成黑色小粒点,散生或集生,有时略呈轮纹状排列。潮湿时亦可涌出孢子角,病部表皮剥离。

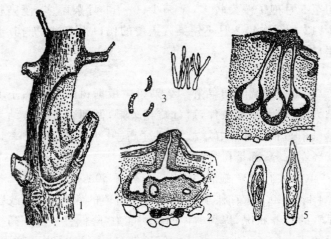

图 15　苹果树腐烂病

1. 树干上的溃疡症状　2. 分生孢子器　3. 分生孢子梗及
分生孢子　4. 子囊壳　5. 子囊及子囊孢子

【病原】(图 15)

苹果树腐烂病病原属子囊菌亚门核菌纲球壳菌目黑腐皮壳属。无性世代属半知菌亚门球壳孢目壳细孢属。

在寄主组织中的菌丝,初期无色,后变墨绿色,有分隔,经 10～15 d 后,在表皮下紧密结合形成黑色小颗粒,最后穿破表皮——孢子座。

【发病规律】

苹果树腐烂病以菌丝体、分生孢子器、子囊壳在病树及砍伐的病残枝皮层中过冬。翌年春季分生孢子器遇到降雨,吸水膨胀产生孢子角。通过雨水冲溅随风传播,这是病菌传播的重要途径。此外,昆虫(如苹果透翅蛾、梨潜皮蛾等)也可传播。子囊孢子也能侵染,但发病力低,潜育期长,病部扩展慢。病菌从伤口侵入已死亡的皮层组织。3月下旬至5月孢子侵染较多,杂菌少;6～11月杂菌多,侵染较少;12月至次年2月不侵染。入侵的伤口很多,如冻伤、剪锯口、虫伤口等。

【防治方法】

(1)合理调整结果量。结果树应根据树龄、树势、土壤肥力、施肥水平等条件,通过疏花疏果,做到合理调整结果量。梢短而细弱、中矮枝比例过高、叶果比小、小果率达50%左右等,都是树势衰弱的表现。

(2)实行科学施肥、灌水。一般每50 kg果施N、K各1.4 kg,P 0.6 kg;秋季施肥可增加树体的营养积累,改善早春的营养状况,提高树体的抗病能力,降低春季发病高峰时的病情。还可在秋梢基本停长期(9月)进行叶面喷肥,如喷1～2次200～300倍尿素加200～300倍磷酸二氢钾;实行"秋控春灌"对防治腐烂病很重要。

(3)防治其他病虫害。及时防治造成早期落叶的病害(如褐斑病等)和虫害(如叶螨类、梨网蝽、蚜虫类、透翅蛾、潜叶蛾类等)。

(4)及时刮除病斑。从2～11月,每月对全园逐树认真检查1次,发现病斑及时刮除,刮治病斑的最好时期是春季高峰期,即3～4月份。刮完之后要表面涂药,如10波美度石硫合剂、60%腐殖酸钠50～75倍液、托福油膏、果树康油膏;70%甲基托布津可湿性粉剂1份加豆油或其他植物油3～5份效果也很好。

(5)消除菌源。刮治的树皮组织、枯枝死树、修剪枝条在3月以前要清理出果园,消除菌源。

(6)药剂铲除。枝干喷药:每年4～5月上旬和10～11

月上旬为田间分生孢子活动的高峰期。5月初和11月初各喷1次40％福美胂可湿性粉剂500倍液(5月)或100倍液(11月)。可大大降低发病程度。据报道,用腐必清、菌毒清等无公害生物药剂和低毒药剂代替福美胂防治腐烂效果更好。

(7)及时脚接、桥接。主干、主枝的大病疤及时进行桥接和脚接,辅助恢复树势。

2)苹果干腐病

苹果干腐病又叫胴腐病,是苹果树枝干的重要病害之一,苹果产区均有发生。一般为害衰弱的老树和定植后管理不善的幼树。除苹果外,柑橘、桃、杨、柳等十余种木本植物均可被害。

【症状识别】(图16)

干腐病主要侵害成株和幼苗的枝干,也可侵染果实。症状类型有:

(1)溃疡型　发生在成株的主枝、侧枝或主干上。一般以皮孔为中心,形成暗红褐色圆形小斑,边缘色泽较深。病斑常数块乃至数十块聚生一起,病部皮层稍隆起,表皮易剥离,皮下组织较软,颜色较浅。病斑表面常湿润,并溢出茶褐色黏液,俗称"冒油"。后期病部干缩凹陷,呈暗褐色,病部与健部之间裂开,表面密生黑色小粒点。

(2)干腐型　成株、幼树均可发生。成株主枝发生较多。病斑多在阴面,尤其在遭受冻害的部位。初生淡紫色病斑,沿枝干纵向扩展,组织枯干,稍凹陷,较坚硬,表面粗糙,龟裂,病部与健部之间裂开,表面亦密生黑色小粒点。干腐病菌也可侵染果实。被害果实,初期果面产生黄褐色小点,逐渐扩大成同心轮纹状病斑,条件适宜时,病斑扩展很快,数天整果即可腐烂。

【病原】(图16)

苹果干腐病病原属子囊菌亚门格孢腔菌目葡萄座腔菌属。无性阶段分生孢子器有两种类型,大茎点菌属,型散生,扁圆形,分生孢子无色,单胞,椭圆形。小穴壳菌属型分生孢子与子囊壳混生于同一子座内,分生孢子无色,单胞,长椭圆形。

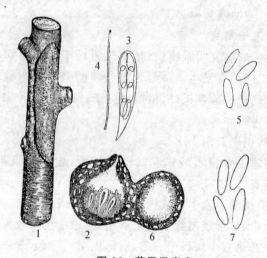

图16 苹果干腐病
1. 病枝干 2. 子囊壳 3. 子囊 4. 侧丝
5. 子囊孢子 6. 分生孢子器 7. 分生孢子

【发病规律】

干腐病菌主要以菌丝体和分生孢子器及子囊壳在枝干病部越冬。次年春产生孢子进行侵染,病菌孢子随风雨传播,经伤口侵入,也能从死亡的枯芽和皮孔侵入。干腐病菌具有潜伏侵染特性,寄生力弱,只能侵害衰弱植株(或枝干)和移植后缓苗期的苗木。病菌先在伤口死组织上生长一段时间,再向活组织扩展。当树皮水分低于正常情况时,病菌扩展迅速,5月中旬至10月下旬均可发生,以降雨量最少的月份发病最多,雨季来临病势减轻。一般干旱年份及干旱季节发病重。果园管理水平低,地势低洼,土壤瘠薄,雨水不足,偏施氮肥,结果过多,伤口较多等有利病害发生。

【防治方法】

(1)培育壮苗、合理定植。苗圃不施大肥,不灌大水,尤其不能偏施速效性氮肥催苗,防止苗木徒长,容易受冻而发病。幼树定植时,避免深栽,使嫁接口与地面相平为宜。定植后要及时灌水,加强管理,尽量缩短缓苗期。芽接苗在发芽前15～20 d,及时剪掉砧木的枯桩,伤口用1%硫酸铜水溶液消毒,铅油保护。

(2)加强管理,增强树势,提高树体抗病力。改良土壤,提高土壤保水保肥力,旱涝时及时灌排。保护树体,做好防冻工作是防治干腐病的关键性措施。

(3)彻底刮除病斑。在发病初期,可用锋利快刀削掉变色的病部或刮掉病斑。消毒剂可用10波美度石硫合剂,70%甲基托布津可湿性粉剂100倍液,40%福美胂可湿性粉剂50倍液等。

(4)喷药保护。大树发芽前喷1次40%福美砷可湿性粉剂800倍液,3～5波美度石硫合剂保护树干。在6月上中旬及8月中旬各喷1次铁波尔多液和波尔多液。铁波尔多液是用硫酸铜、硫酸铁各1份,生石灰2份,水160～200份配成。先将硫酸铜、硫酸铁混合磨细,然后按波尔多液配制法配制即可。或用1:2:(200～240)波尔多液或50%退菌特可湿性粉剂800倍液。70%甲基托布津可湿性粉剂800倍液在发病前喷于树干上。

3)苹果枝溃疡病

苹果枝溃疡病也叫芽腐病,除陕西关中分布外,山西南部以及河南、江苏北部的黄河故道果区均有分布。发病严重的果园,造成枝条枯死。

【症状识别】(图17)

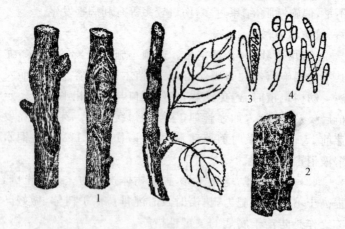

图17　苹果枝溃疡病
1. 被害枝　2. 枯枝上子囊壳着生状　3. 子囊及子囊孢子
4. 小型分生孢子及大型分生孢子

此病仅为害枝干,以1~2年生枝条发病较多,病部初期为红褐色圆形小斑,随后逐渐扩大呈梭形病斑。中部凹陷,边缘隆起。病部四周及中心部发生裂缝并翘起,天气潮湿时,裂缝四周确有堆着的粉白色霉状的分生孢子座。在病部还可见到其他腐生菌(如红粉菌、黑腐菌等)的粉状或黑色颗粒状子实体。后期,病疤上的坏死皮层脱落,木质部裸露在外,四周为隆起的愈伤组织。翌年病菌继续向外蔓延为害,病斑呈梭形同心轮纹状。

【病原】(图17)

溃疡病菌属子囊菌亚门肉座菌目丛赤壳属。无性阶段属于半知菌亚门黑盘孢目柱孢霉属。分生孢子盘无色或灰色,盘状或平铺状,分生孢子梗短,分生孢子无色,线形。稍弯曲,无分隔到有几个分隔。

【发病规律】

病菌以菌丝在病组织内越冬,翌年春季及整个生长季均可产生分生孢子。病菌孢子借昆虫、雨水及气候传播,从伤口侵入,如病虫伤、修剪伤、冻伤、芽痕、叶丛枝等。此病随苹果锈病大流行后发生较多,这是因为锈菌侵害嫩枝和叶柄基部的病斑,为其提供了合适的伤口;在产生有性世代的地区还能以子囊壳及子囊孢子越冬,春季潮湿时子囊孢子自壳内放射或挤压出来传播侵染。

【防治方法】

(1)加强果园管理,调节树势。氮肥不可施用过多,地势低洼、土壤黏重的果园,搞好排灌设施和土壤改良。

(2)已发病的果园,清除树枝干上的溃疡斑。细枝梢结合修剪彻底清除,较粗枝干不宜或暂不宜剪除时,应进行病斑治疗(参照苹果树腐烂病的病斑治疗)。

(3)溃疡病菌通过各种伤口侵染枝干,果园要加强防治其他病虫害及树体冻伤,粗皮、翘皮较多的植株应刮除。

4)苹果轮纹病

苹果轮纹病又称粗皮病、轮纹褐腐病、黑腐病,是黄河流域及其以南地区的重要病害。此病侵染果实。枝干染病严重时,树势减弱。此病除为害苹果外,还为害梨、桃、李、杏、栗、枣等多种果树。

【症状识别】(图18)

轮纹病主要为害枝干和果实,也可为害叶片。枝干受害,以皮孔为中心,形成扁圆形或椭圆形、直径 0.3～3 cm 的红褐色病斑,病斑质地坚硬,中心突出,如一个疣状物,边缘龟裂,往往与健部组织形成一道环沟,第 2 年病斑中间生黑色小粒点(分生孢子器)。

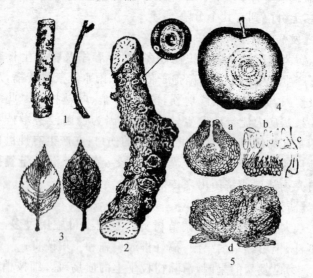

图18　苹果轮纹病

1.病枝(梨)　2.病枝(苹果)及病部放大　3.病叶(梨)

4.病果(苹果)　5.病原(a.分生孢子器

b.分生孢子　c.孢子萌发　d.子囊壳)

　　果实多在近成熟期和贮藏期发病。果实受害,以皮孔为中心,生成水渍状褐色小斑点,很快成同心轮纹状,向四周扩大,呈淡褐色或褐色,并有茶褐色的黏液溢出。病斑发展迅速,条件适宜时,几天内全果腐烂,发出酸臭气味,病部中心表皮下逐渐散生黑色粒点(即分生孢子器)。病果腐烂多汁,失水后变为黑色僵果。

　　叶片发病产生近圆形同心轮纹的褐色病斑或不规则形褐色病斑,大小为0.5~1.5 cm,病斑逐渐变为灰白色并长出黑色小粒点。叶片上病斑很多时,引起干枯早落。

【病原】(图 18)

病原菌属于子囊菌亚门座囊菌目囊孢菌属,有性阶段不常出现。无性阶段属半知菌亚门球壳孢目大茎点属。菌丝无色,有隔。分生孢子器扁圆形或椭圆形,顶部有略隆起的孔口,内壁密生分生孢子梗,孢子梗棒槌状,单胞,顶端着生分生孢子。

【发病规律】

病菌以菌丝、分生孢子器及子囊壳在被害枝干越冬。菌丝在枝干病组织中可存活 4～5 年,每年 4～6 月间产生孢子,成为初次侵染来源。7～8 月孢子散发较多,病部前三年产生孢子的能力强,以后逐渐减弱。分生孢子主要随雨水飞溅传播,一般不超过 10 m 范围。花谢后的幼果至采收前的成熟果实,病菌均可侵入,以 6～7 月侵染最多,幼果期降雨频繁,病菌孢子散发多,侵染也多。

【防治方法】

(1)加强果树栽培管理。新建果园选用无病苗木,发现病株及时铲除;苗圃设在远离病区地方,培育无病壮苗;幼树整形修剪时,切忌用病区枝干作支柱;修剪的病枝干不能堆积在新果区附近。

(2)刮除病斑。病菌初期侵染来源于枝干病瘤,因此必须及时清除病瘤。果树休眠期喷涂杀菌剂;5～7 月病树重刮皮,除掉病组织,集中烧毁或深埋。

(3)喷药保护。发芽前在搞好果园卫生的基础上应当喷 1 次铲除性药剂,从 5 月下旬开始喷第 1 次药,以后结合防治其他病害,共喷 3～5 次。保护果实,对轮纹病比较有效的药剂是 1∶2∶240 倍波尔多液、50%多菌灵 800 倍液、或 70%甲基托布津可湿性粉剂 800～1 000 倍液等。在防治中应该注意多种药剂的交替使用。

（4）采收前及采后处理。轮纹病菌从皮孔侵入，表现症状前都在皮孔及其附近潜伏，因此，采前喷1～2次内吸性杀菌剂，可以降低果实带菌率。

（5）低温贮藏。15℃以下贮藏，发病速度明显降低；5℃以下贮藏，基本不发病；0～2℃贮藏，可完全控制发病。所以，低温贮藏是贮藏期防治的重要措施。

5）苹果早期落叶病

苹果褐斑病与灰斑病、圆斑病、轮斑病统称为苹果早期落叶病。我国各苹果产区都有分布，陕西的汉中、安康等地为害最重，关中次之，陕北干旱区为害较轻。

【症状识别】（图19）

褐斑病：主要为害苹果树的叶片，也可侵染果实。叶上病斑初为褐色小点以后发展为以下3种类型：同心轮纹型、针芒型、混合型。

灰斑病：病斑正圆形，边缘整齐，周缘有略突起的紫褐色线纹。初期褐色，后变银灰色，表面有光泽；有些病斑向外扩展成不规则状，后期病斑散生稀疏的黑色小点，即病菌的分生孢子器。此病一般不引起叶片变黄脱落，有的叶片病斑密集，严重时叶片近焦枯。

圆斑病：病斑圆形，褐色，边缘清晰，直径4～5 mm，与叶健部交界处呈紫色，中央有一黑色小点，状似鸡眼。

轮斑病：又叫苹果斑点病，病斑多散生叶片边缘，呈半圆形，叶片中部病斑略呈圆形。病斑较大，常数斑融合成不整形。病斑褐色，无光泽，有明显的颜色深浅交错的同心环纹。病斑背面发生黑色霉状物。病重时病斑占叶片大半，叶片焦枯卷缩。

【病原】（图19）

苹果褐斑病的病原为苹果盘二孢菌，属于半知菌亚门腔孢纲黑盘孢目。该菌的有性阶段为苹果双壳菌,属于子囊菌亚门盘菌纲柔膜菌目双壳属。病斑上着生的小黑点为该菌的分生孢子盘,初埋生于表皮下,成熟后突破表皮外露。

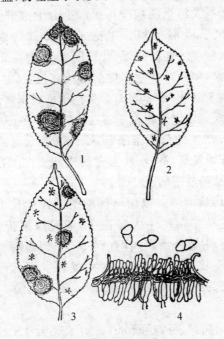

图 19　苹果褐斑病

1. 同心轮纹斑型　2. 针芒型　3. 混合型

4. 分生孢子盘和分生孢子

轮斑病病原为苹果链格孢,属半知菌亚门丝孢纲丛梗孢目交链孢属。分生孢子梗自气孔内成束伸出,暗褐色、弯曲,多隔膜;分生孢子顶生,短棍棒状,单生或链生,暗褐色,有 2～5 个横隔和 1～3 个纵隔。

【发病规律】

褐斑病病菌以菌丝、菌索和分生孢子盘在病叶上过冬,以子囊盘、拟子囊孢子在落叶上越冬。趋越冬的病菌春季产生分生孢子，随雨水冲溅，先在接近地面的叶片侵染发病，成为初侵染源。潮湿是病菌扩展及产生分生孢子的必要条件，干燥及沤烂的病叶均无产生分生孢子的能力。子囊孢子、拟子囊孢子和分生孢子要求 23℃ 以上温度和 100％ 相对湿度才能萌发，从叶背侵入，潜育期 6～12 d。病菌产生毒素，刺激叶柄基部提前形成离层，叶片黄化，提前脱落，发病至落叶 13～55 d，分生孢子借风雨再侵染。

灰斑病病菌以分生孢子器在病叶中越冬。次年环境条件适宜时，产生的分生孢子随风、雨传播。北方果区 5 月中、下旬开始发病，7～8 月为发病盛期。一般在秋季发病重。国光品种易感病。

圆斑病病菌主要以菌丝体在落叶及病枝中越冬。来年春季，越冬病菌产生大量孢子，通过风雨传播，侵染叶片，5 月上、中旬开始发病，直到 10 月。圆斑病发生较早，灰斑病发生较晚。6～7 月，两病混合发生，雨水多、湿度大，发病更为严重，造成大量落叶，降雨是病害流行的主要因素。

轮斑病病菌以菌丝或分生孢子在落叶上过冬。5 月下旬至 6 月初开始发病，7 月中、下旬至 8 月上、中旬达发病高峰。主要侵染展叶不久的幼嫩叶片，一年生枝条及果实也能受害。受害严重时 8 月下旬引起落叶，并导致当年第二次开花，影响产量。春旱发病轻，降雨多年份发病重。红星与青香蕉感病，小国光较抗病。

【防治方法】

（1）果园清洁　秋冬季清除果园落叶，或对果园浅耕，减少越冬菌源。

（2）加强栽培管理　增施肥料，增强树势，提高抗病能力。

土质黏重或地下水位较高的果园,注意排水。加强果树整形、修剪,使其通风透光,降低果园小气候湿度,抑制病害发生。

(3)喷药保护。关中 5 月上中旬、6 月上中旬和 7 月中下旬喷 3 次药。秦岭山区和渭北喷药日期分别推后 10~15 d。药剂有波尔多液(1:2:200)、1.5% 的多抗霉素 300~500 倍液、80% 喷克、大生 M-45 1 000~1 500 倍液,交替使用。

6)苹果白粉病

苹果白粉病在我国苹果产区发生普遍,各地都有发生。主要为害新梢。芽、花、叶及幼果。受害严重叶片提前脱落,新梢干枯死亡。不仅影响当年的产量,对次年果树的生长发育影响也极大。除为害苹果外,还为害沙果、海棠、槟子和山定子等。

【症状识别】(图 20)

苗木染病后,顶端叶片和幼苗嫩茎发生灰白斑块,覆盖白粉。发病严重时,病斑扩展全叶,病叶萎缩,变褐色枯死。新梢顶端受害,展叶迟缓,叶片细长,呈紫红色。顶梢微曲,发育停滞。

大树染病后,病芽春季萌发晚,抽出新梢和嫩叶覆盖白粉。病梢节间缩短,叶片狭长,叶缘向上,质硬而脆,渐变褐色,病梢多不能抽出二次枝,受害重的顶端枯萎。花器受害,花萼、花梗畸形,花瓣细长,受害严重时不结果。幼果受害,多在萼洼或梗洼产生白色粉斑,稍后形成网状锈斑,表皮硬化呈锈皮状,后期形成裂口或裂纹,重者幼果萎缩早落。

【病原】(图 20)

苹果白粉病病原属子囊菌亚门核菌纲白粉菌目叉丝单

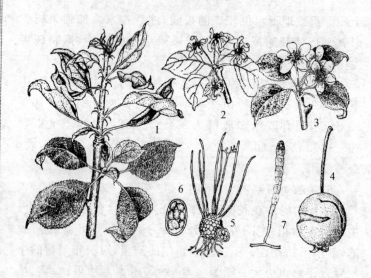

图20　苹果白粉病

1. 病叶　2. 病花　3. 健花　4. 病果　5. 闭囊壳
6. 子囊　7. 分生孢子梗及分生孢子

囊壳属。无性阶段属半知菌亚门顶孢属。是一种外寄生菌,寄主表面的白粉状物即病菌分生孢子。菌丝无色透明,多分枝,纤细,有隔膜。分生孢子梗棍棒形,顶端串生分生孢子。分生孢子无色单孢,椭圆形。闭囊壳中只有一个子囊,椭圆形或球形,内含8个子囊孢子,子囊孢子无色单孢椭圆形。

【发病规律】

苹果白粉病以菌丝潜伏在冬芽的鳞片内过冬。春季萌发期,越冬的菌丝开始活动,产生分生孢子经气流传播进行侵染。菌丝蔓延在嫩叶、花器及新梢的外表,以吸器伸入寄主内部吸收营养。菌丝发展到一定阶段,产生大量分生孢子梗和分生孢子。4～9月为病害发生期,从4月初至7月不断再侵染,5～6月为侵染盛期,6～8月发病缓慢或停滞,8月以后侵染秋梢,形成二次发病高峰。

【防治方法】

(1)清除菌源。结合冬季修剪,剪除病芽病梢,早春开花前及时摘除病芽,病叶冬季喷正癸醇加正辛醇,铲除病芽。

(2)药剂防治。感病品种树上,花前及花后5月中下旬喷3次药,药剂有0.3～0.5波美度石硫合剂、40%粉锈宁可湿粉2 000倍液、50%甲基托布津1 000倍液、50%多菌灵可湿粉1 000倍液等。

(3)栽培措施。合理密植,控制灌水,疏剪过密枝条,避免偏施氮肥,增施磷肥、钾肥。病害流行地区,避免或压缩感病品种(如倭锦、红玉、柳玉、国光等),种植抗病品种。

7)苹果锈病

苹果锈病又叫苹果赤星病,是苹果叶部主要病害,我国各地均有发生。病菌为害幼叶、叶柄、新梢及幼果等绿色部分及幼嫩组织,造成早期大量落叶,影响光合作用及树势。除为害苹果外,还能为害沙果、山定子及海棠等。

【症状识别】(图21)

该病主要为害叶片,嫩梢、果实等也可受害。叶片发病初期,叶正面产生橙黄色有光泽的小斑点,逐渐发展成0.5～1.0 cm的橙黄色圆形病斑,病斑边缘常呈红色,并分泌出带有光泽的黏液(性孢子),黏液干后,小粒点变黑。以后病斑背面稍隆起,生出许多黄色毛状物(锈子器),内含大量锈孢子。叶柄受害,病部橙黄色,稍隆起,呈纺锤形。幼果染病,果面发生圆形病斑,初呈黄色,后变褐色,上生土黄色毛状物,病果生长停滞,病部坚硬,多呈畸形果。嫩枝发病,症状与叶柄相似,后期病部凹陷、龟裂,容易折断。

苹果锈菌是一种转主寄生菌,在转主寄主桧柏上,锈菌侵染小枝,肿大呈球形或半球形瘿瘤,叫做菌瘿,直径 3～5 mm。菌瘿早春破裂露出冬孢子角,起伏作鸡冠状,春雨后,冬孢子角吸潮膨大,酷似棕色的胶泥花瓣。

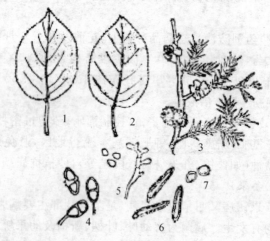

图 21　苹果锈病

1、2. 病叶正反面　3. 菌瘿及冬孢子角　4. 冬孢子

5. 担子及担孢子　6. 护膜细胞　7. 锈孢子

【病原】(图 21)

苹果锈病的病原为山田胶锈菌;属担子菌亚门冬孢菌纲锈菌目胶锈属。苹果上形成性孢子和锈孢子,桧柏上形成冬孢子及担孢子。

苹果锈病菌是一种转主寄生真菌,在桧柏上形成冬孢子,萌发产生担孢子。冬孢子双胞,椭圆形,无色,具长柄,分隔处稍缢缩。性孢子器埋生在苹果病斑表皮下,性孢子单胞,无色、纺锤形。锈孢子器一般在叶背面上呈圆筒状。锈孢子球形或多角形,单胞,栗褐色,膜厚,有疣状突起,担孢子卵形,无色,单胞。

【发病规律】

苹果锈病菌以菌丝体在桧柏枝上的菌瘿中越冬,翌春形成褐色的冬孢子角。冬孢子萌发产生大量的小孢子,随风传播到苹果树上,侵染叶片等,形成性孢子器和性孢子、锈孢子腔和锈孢子。秋季,锈孢子成熟后又随风传播到桧柏上去,侵染桧柏枝条,以菌丝体在桧柏病部越冬。苹果锈菌具有冬孢子、担孢子、性孢子、锈孢子四种类型的孢子,属于不完全型转主寄生锈菌。缺少夏孢子,不产生再侵染,每年只侵染 1 次。3~4 月份气温高且多雨,易引起锈病大发生。苹果锈病菌有转主寄生的特性,必须在转主寄主如桧柏、龙柏等树木上越冬,才能完成病害循环,因此,锈病发生轻重与桧柏数量,距离远近有直接关系,若在方圆 3~5 km内无转主寄主,锈病一般很少发生。锈病发生与湿度关系密切。冬孢子萌发、担孢子及锈孢子侵染,均需一定的雨水及湿度。每年发病的早、晚及严重程度,决定于春雨早,晚与雨量多少。病害的发生对温度也有一定要求,如冬孢子萌发最适温度 16~22℃,超过 24℃不能形成孢子。风在病害的传播中起重要的作用。

【防治方法】

(1)铲除桧柏。彻底铲除果园附近的桧柏树,根绝转主寄主,中断锈病的侵染循环,可防止锈病发生。规划新果园时,果园方圆 2.5~5 km 内不栽植桧柏树。

(2)铲除越冬病菌。若桧柏不能砍除,则在桧柏上喷药,铲除越冬病菌。在冬孢子角未胶化之前喷布 5 波美度石硫合剂液。

(3)果树上喷药保护。在展叶后,于冬孢子角未胶化前喷第 1 次药。在第 1 次喷药后,如遇降雨,担孢子就会大量形成,并传播、侵染,因此雨后要立即喷第 2 次药,隔 10 d 后喷第 3 次药。共喷 3 次。喷布药剂可用 15%粉锈宁可湿性粉剂 1 000 倍液,或 50%甲基托布津 800 倍液,65%代森锌可湿性粉剂 500 倍液。为了减少雨水冲刷,可在药剂中加入 3 000 倍的皮胶。

8)苹果花叶病

花叶病毒的寄主范围很广,包括蔷薇科的多种果树,除苹果外,还可为害梨属、山楂属等。

【症状识别】

苹果花叶病主要表现在叶片上,由于苹果品种的不同和病毒株系间的差异,可形成以下几种症状(图 22):

(1)斑驳型 病叶上出现大小不等、形状不定、边缘清晰的鲜黄色斑驳或深浅绿相间的花叶,后期病斑处常常枯死。在一年中,这种病斑出现最早,而且是花叶病中最常见的症状。

(2)环斑型 病叶上产生鲜黄色环状或近环状斑纹,环内仍呈绿色。发生少而晚。

(3)网纹型 病叶沿叶脉失绿黄化,并延及附近的叶肉组织。有时仅主脉及支脉发生黄化,变色部分较宽;有时主脉、支脉、小脉都呈现较窄的黄化,使整叶呈网纹状。

(4)镶边型 病叶边缘的锯齿及其附近发生黄化,在叶缘形成一条变色镶边,病叶的其他部分表现正常。

【病原】

苹果花叶病是由于李属坏死环斑病毒苹果株系侵染所致。病毒粒体为圆球形。不同症状类型是由不同株系引起的,主要有重型花叶、轻型花叶和沿脉变色 3 个株系。重型花叶株系侵染苹果后,可以严重表现各类型的症状,而且在老叶上引起大块枯斑,造成落叶;轻型花叶株系侵染后,一般只产生斑驳型花叶,而且为害轻微;沿脉变色株系主要造成比较明显的条纹型症状。前两者之间有交互保护作用。

图 22　苹果花叶病症状类型

【发病规律】

花叶病为系统侵染病害,只要寄主仍然存活,病毒也一直存活并不断繁殖。病毒主要靠嫁接传播,无论砧木或接穗带毒,均可形成新的病株。此外,菟丝子可以传毒。在海棠实生苗中可以发现许多花叶病苗,说明种子有可能带毒。

【防治方法】

（1）利用无病砧木和接穗。挑选健壮无病虫、品质优良的成年树采取接穗，培育无毒苗木。

（2）淘汰病株。未结果幼树感病后应及时淘汰。

（3）喷药。已结果的大树感病，春季早期喷 50～100 mg/kg 增产灵，加强水肥管理减少为害。

（4）生物干扰。利用弱毒性株系对强毒性株系起干扰作用，减轻病情。

9）苹果炭疽病

苹果炭疽病又叫苦腐病、晚腐病，是果实上的重要病害。我国大部分苹果产区均有发生，红玉、倭锦等品种发生严重，造成很大损失。炭疽病菌寄主范围很广，除苹果外，还能侵害梨、葡萄等多种果树等。

【症状识别】

主要为害果实。初期，果面出现淡褐色水浸状小圆斑，并迅速扩大。果肉软腐味苦，而果心呈漏斗状变褐，表面下陷，呈深浅交替的轮纹，如环境适宜便迅速腐烂而不显轮纹。当病斑扩大到 1～2 cm 时，在病斑表面下形成许多小粒点，后变黑色，即病菌的分生孢子盘，略呈同心轮纹状排列。果台发病自顶部开始向下蔓延呈深褐色，受害严重的果台抽不出副梢以致干枯死亡（图 23）。

【病原】（图 23）

有性阶段为子囊菌亚门球壳菌目小丛壳属，无性阶段为属半知菌亚门腔胞纲黑盘孢目盘圆孢属。分生孢子盘生于表皮下，成熟后突破表皮，盘内平行排列一层分生孢子梗，单胞无色；顶端生有单胞，无色长卵圆形的分生孢子，分生孢子陆续大量产生，并混合胶质，遇水胶质即可溶解并使孢子分散传播。子囊世代较少发生。子囊壳埋于黑色于座内,子囊长棍棒形,子囊孢子无色,椭圆形。

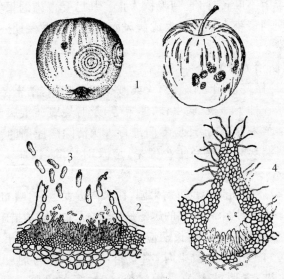

图 23　苹果炭疽病

1. 病果　2. 分生孢子盘　3. 分生孢子　4. 子囊壳

【发病规律】

病菌以菌丝体在病果、小僵果、病虫为害的破伤枝、果台上越冬,翌年天气转暖后,产生大量分生孢子,成为初侵染源,借风雨和昆虫传播为害。分生孢子萌发时产生一隔膜,形成两个细胞,每一细胞各长出一芽管,在芽管的前端形成附着器,再长出侵染丝穿透角质层直接侵入,或经皮孔、伤口侵入,高温适于病菌繁殖和孢子萌发入侵,适宜条件下,孢子接触果后,仅 5～10 h 即完成侵染。菌丝在果肉细胞间生长,分泌果胶酶,破坏细胞组织,引起果实腐烂。病菌具有潜伏侵染特性。菌丝生长最适温度 28℃,孢子萌发适宜温度 28～32℃。每次雨后病情即有发展,高温、高湿是此病流行的主要条件。5月底6月初进入侵染盛期，生长季节不断传播，直到晚秋为止。凡已受侵染的果实，在贮藏期间侵染点继续扩大成病斑而腐烂。但贮藏期一般不再传染。

【防治方法】

(1)做好清园工作。消灭或减少越冬病原，结合冬季修剪去除各种干枯枝、病虫枝、僵果等，及时烧毁。重病果园，在春季苹果开花前，还应专门进行一次清除病原菌的工作。生长期发现病果或当年小僵果，应及时摘除，以减少侵染来源。

(2)休眠期防治。重病果园，在果树近发芽前，喷布5波美度石硫合剂，杀死树上的越冬病菌，这是重要防治措施。

(3)药剂防治。生长期应于谢花后半个月的幼果期(5月中旬)，病菌开始侵染时，喷布第1次药剂，药剂可选用下列1种：多菌灵-代森锰锌混剂(40%多菌灵胶悬剂800倍液，混加70%代森锰锌可湿性粉剂700倍液)；多菌灵-退菌特混剂(50%可湿性粉剂500倍，混加50%退菌特可湿性粉剂1000倍液)。以后根据药剂残效期，每隔15～20 d，交替选择喷布1:(2～3):200倍波尔多液，75%百菌清可湿性粉剂600倍液，50%甲基托布津可湿性粉剂500倍液。

10)苹果褐腐病

褐腐病是苹果生长后期和贮藏运输期间的一种重要病害。20世纪70年代曾两次在陕西省大量发生。近年来关中地区的一些果园发生严重。此病除为害苹果外，还为害梨和核果类果实。

【症状识别】(图24)

褐腐病主要为害果实。初期果面产生浅褐色小斑，组织软腐,迅速向四周扩展,数天内整个果面腐烂,果肉呈海绵状松软,略有弹性,中央形成为数众多的灰褐色或灰白色突起,呈同心轮纹排列,即分生孢子座。

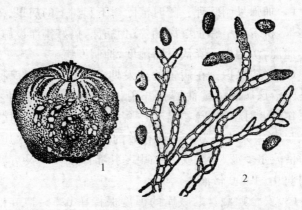

图 24 苹果褐腐病
1. 病果 2. 分生孢子梗及分生孢子

【病原】(图 24)

苹果褐腐病病原菌为寄生链核盘菌,属子囊菌亚门。无性阶段属半知菌亚门。病果上集结灰白色菌丝团,上面生长分生孢子梗,无色,单胞,其上串生分孢子。分生孢子椭圆形,无色,单胞,后期病果内生成菌核,黑色,不规则形,大小为 1 mm 左右。1～2 年后萌发出子囊盘,子囊漏斗状,外部平滑,灰褐色,子囊无色,长筒形,内生 8 个子囊孢子。子囊孢子无色,单胞,卵圆形,子囊间有侧丝。

【发病规律】

褐腐病菌以菌丝体在病果上越冬,第 2 年春形成分生孢子,借风雨传播为害。在一般情况下,潜育期为 5～10 d。褐腐病菌对温度的适应性强,最适发育温度 25℃。湿度也是影响病害发展的重要因素,湿度高有利于病菌的孢子形成和萌发。果实近成熟期(9月下旬至10月上旬)为发病盛期。病菌经皮孔侵入果实。主要通过各种伤口侵入。

【防治方法】

(1)加强果园管理。随时清除树下和树上的病果、落果和僵果,秋末和早春土壤深翻,减少病原,搞好排灌设施,做到旱能浇,涝能排。降低果园湿度,抑制发病。

(2)喷药保护。在病害的盛发期前喷化学药剂保护果实是防治该病的关键性措施。在北方果区,中熟品种在7月下旬及8月中旬、晚熟品种在9月上旬和9月下旬各喷1次药,可大大减轻为害。较有效的药剂是1:1:(160～200)倍波尔多液、50%或70%甲基托布津或多菌灵可湿性粉剂800～1 000倍液。

(3)安全贮藏。贮藏库的温度保持在0.5～1℃,相对湿度90%,控制病害发生。

11)苹果锈果病

苹果锈果病又叫花脸病,属国内植物检疫对象。全国苹果产区都有分布,陕西渭北及陕北发病较多,陕北有的果园病株率高达50%～80%。

【症状识别】

苹果锈果病主要表现在果实上,症状有3种类型(图25):

(1)锈果型 是主要的症状类型。发病初期在果实顶部产生深绿色水渍状病斑,逐渐沿果面向果柄处扩展,发展成为规整的4～5条木栓化铁锈色病斑,但也有不呈条状而呈不规则状的锈斑分布在果面上,并有众多的纵横小裂口。病果较健果为小,果肉汁少渣多,严重时变为畸形果,食用价值降低或不能食用。

(2)"花脸"型 沙果、海棠及红魁、金花、丹顶、祝光等表现此种症状。一般病果着色前无明显变化,着色后,果面散生许多近圆形的黄绿色斑块,致使红色品种成熟后果面呈红、黄、绿相间的花脸症状。黄色品种成熟后的果面颜色呈深浅不同的花脸状。

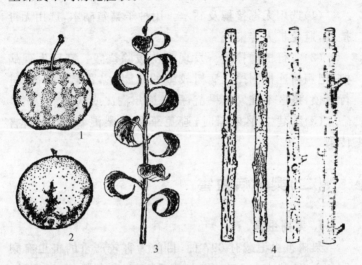

图 25　苹果锈果病
1. 花脸症状　2. 锈果症状　3. 幼苗症状　4. 幼苗干部的锈斑

（3）锈果-花脸型　病果着色前,多在果顶发生明显的锈斑,或在果面散生零星斑块。着色后,在未发生锈斑的部分,或锈斑周围发生不着色的斑块,使果面红绿相间,呈现出既有锈斑又有花脸的复合症状。这种类型多发生在元帅、倭锦、鸡冠、赤阳等中熟品种上。

【病原】

由类病毒侵染所致。

【发病规律】

通过嫁接传染,嫁接后潜育期3～27个月。此外,梨树是苹果锈果病的带毒寄主,外观不表现症状,但可以传病。

因此,靠近梨园,或与梨树混载的苹果园发病较重。

【防治方法】

严格检疫和栽植无毒苹果苗是防治此病的根本措施。

(1)选用无毒接穗及砧木。用种子繁殖砧木,选用无毒接穗,避免扩大传染。

(2)实行植物检疫。发现病苗拔除烧毁。新区发现病树,把病树连根刨掉。病树较多的果园,应划定为疫区,进行封锁,疫区不准繁殖果苗,病株逐年淘汰或砍伐。

(3)新建立苹果园时,避免苹果和梨混栽,防止病害传染。

(二)梨树病虫害

1. 梨树虫害

梨树害虫记载有 697 种,目前为害较严重的害虫有梨大食心虫、梨小食心虫、梨木虱、梨蚜和梨黄粉蚜、梨网蝽、梨星毛虫、梨茎蜂等。

1)梨大食心虫

【寄主及危害状】(图 26)

梨大食心虫简称梨大,又叫吊死鬼、黑钻眼等。属鳞翅目螟蛾科。幼虫为害梨芽及幼果。藏有越冬幼虫的梨芽,可被蛀食一空,蛀孔外有虫粪,芽鳞松散。后期被害果,蛀入孔多在萼洼附近,虫孔周围变黑腐烂。

【形态特征】(图 26)

成虫:体长 10～12 mm,翅展 24～26 mm。全身暗灰褐色,前翅带有紫色光泽,内外缘各有一条灰白色横波状纹,中间有一灰白色肾状纹。后翅淡灰褐色,翅脉明显。

卵:椭圆形,稍扁平,初产下时黄白色,渐变为红色,近孵化时为暗红色。

幼虫：初孵时淡红色,老熟幼虫体长 16～18 mm,头部黑色,体暗绿褐色。无臀栉。

蛹：长约 13 mm,黄褐色,近羽化时黑褐色,腹部末端有 6 根顶端弯曲的刺。

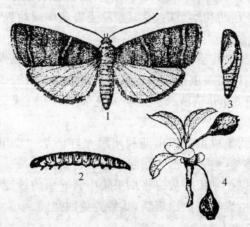

图 26　梨大食心虫
1. 成虫　2. 幼虫　3. 蛹　4. 被害状

【发生规律】

北京地区一年发生 2～3 代,以小幼虫在芽内(主要为花芽)结灰白色薄茧越冬。3 月中下旬,当气温达 12～13℃、梨芽膨大时转移到新芽为害,一虫可为害 1～3 个芽,开花时吐丝在花簇叶簇内为害。4 月下旬开始转移到幼果上为害。幼虫入果孔较大,孔外常有虫粪,果内生活 20 余天,老熟时夜晚出果吐丝,将果柄缠于果枝上,5 月下旬至 6 月上旬在果内化蛹,6 月上、中旬羽化产卵。成虫对黑光灯趋性强。成虫产卵多在果实萼洼、芽旁、枝杈粗皮、果面叶基等处。每处产卵 1～2 粒。卵期 5～7 d。到 7 月下旬在果内化蛹,第1代成虫到8月上中旬羽化。经短期为害后到8月中下旬即越冬。少部分发生3代,大部分发生2代。

【防治方法】

(1)人工防治。结合冬季修剪,剪除虫芽,减少越冬虫源。在开花期和幼果期,及时摘除受害花序或幼果,并集中烧毁。

(2)药剂防治。越冬幼虫出蛰为幼芽期、成虫发生期喷药防治。可喷杀虫剂:2.5%保得乳油2 000倍液、2.5%敌杀死乳油2 000倍液、2.5%功夫乳油2 000倍液、5%高效氯氰菊酯乳油2 000倍液等。

(3)诱集成虫。成虫期利用黑光灯诱杀。也可用当夜羽化的雌蛾,剪去腹部末端制成粗提物诱集雄蛾。

(4)保护利用天敌。将虫果集中到养虫的纱笼内,待寄生蜂、寄生蝇等天敌出现后,将纱笼放回梨园。

2)梨小食心虫

【寄主及危害状】(图27)

梨小食心虫简称梨小,又叫桃折梢虫、东方蛀果蛾,属鳞翅目小卷叶蛾科,全国各地均有分布。寄主有梨、桃、李、杏等果树。幼虫为害桃、梨等嫩梢,多从端部下面第2~3叶柄基部蛀入向下取食,蛀入孔外有虫粪排出,外流胶液,嫩梢逐渐萎蔫,最后干枯下垂。早期为害梨果时,入果孔较大,还有虫粪排出,蛀孔周围腐烂变黑,俗称"黑膏药";后期为害梨、桃和苹果等果实,入果孔很小,四周青绿色,稍凹陷,多由近梗洼和萼洼处蛀入,幼虫入果后直达果心,然后蛀食果肉,果不变形。

【形态特征】(图27)

成虫:体长5~7 mm,翅展10~15 mm,全体灰黑色,无光泽,前翅灰褐色,前缘有 8～10 组白色短斜纹,翅中央有一小白点,翅端有 2 列小黑斑点;后翅缘毛灰色。

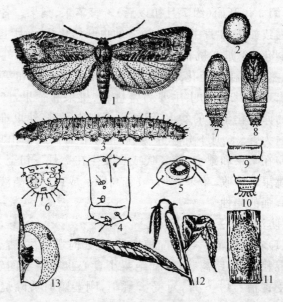

图 27　梨小食心虫

1. 成虫　2. 卵　3. 幼虫　4. 虫第 2 腹节侧面观　5. 幼虫腹足
趾钩　6. 幼虫第 9～10 腹节腹面观,示臀栉及臀趾钩　7. 蛹背
面观　8. 蛹腹面观　9. 蛹第 4 腹节背面观　10. 蛹腹部末
端背面观　11. 茧　12. 桃梢被害状　13. 梨果被害状

卵:扁圆形,中央略隆起,淡黄白色。

幼虫:老熟幼虫体长 8～12 mm,头黄褐色,体背桃红色,前胸背板与体色相近,腹末具深褐色臀栉 4～7 刺。

蛹:黄褐色,体长 4～7 mm,腹部第 3～7 节背面有短刺两列。蛹外有薄茧。

【发生规律】
北京一年发生 4～5 代,以老熟幼虫结灰白色薄丝茧在老树翘皮下、枝杈缝隙、根颈、土壤、果库墙缝中越冬。苹果、梨、桃混栽区,春季第1、2代(约6月下旬前)主要为害桃梢,第3代开始(约7月初以后)转害苹果、梨果。各代发生期大致如下:3月中下旬,越冬幼虫开始化蛹,4月上中旬成虫羽化,产卵在桃梢,5月上旬第1代幼虫开始蛀食桃梢,老熟后在枝杈处化蛹。5月下旬至6月上中旬第1代成虫出现,第2代幼虫主要为害桃梢、桃果和苹果,产在梨果上的卵孵化出来的幼虫,因幼果石细胞紧密,幼虫难以蛀入果内为害。6月下旬至7月上中旬第2代成虫出现,主要产卵在苹果和梨上,第3代成虫发生在7月下旬至9月,这时桃果已采收,苹果、梨为被害高峰。成虫对糖醋液和黑光灯有强的趋性。

【防治方法】

(1)农业防治。合理配植树种,建园时避免桃、杏、山楂和梨混栽,或近距离栽植,杜绝梨小食心虫在寄主间转移。剪除受害梢。4~6月,对受害桃梢,刚萎蔫时剪除烧毁消灭过冬幼虫。

(2)诱杀成虫。糖醋液(糖5份,醋20份,酒5份,水50份)、黑光灯、性激素诱杀成虫。用性诱剂诱杀,每隔50 m放一个水碗诱捕器,将水改用糖醋液更好。性诱剂迷向法,每株挂4个诱芯,效果显著。8月中旬起在树干束草,诱集梨小食心虫过冬茧,集中烧毁,或刮刷老翘皮,消灭过冬幼虫。

(3)药剂防治。在2、3代成虫羽化盛期和产卵盛期喷药防治,药剂有20%灭扫利乳油3 000倍液、2.5%功夫乳油2 000倍液、20%氰戊菊酯乳油2 000倍液、5%高效氯氰菊酯乳油2 000倍液和2.5%敌杀死乳油2 000倍液等。

(4)生物防治。梨小食心虫产卵期每3~5 d放蜂1

次,隔株放 1 000～2 000 头,每隔 4～5 d 放 1 次,连续放
3～4 次,有一定效果。

3)梨木虱

【寄主及危害状】

梨木虱又叫梨叶木虱,俗名梨虱。属同翅目木虱科。
全国分布普遍,以北方梨区为害严重。梨木虱以若虫群集
在叶背主脉两侧及嫩梢上吸食为害,使叶片沿主脉向背面
弯曲、皱缩,呈半月形,严重时皱缩成团,造成落叶。虫体分
泌大量黏液和白色蜡丝,诱致煤污病发生并使叶片变黑和
脱落,光合作用受到严重影响。

【形态特征】(图 28)

成虫:体长 4～5 mm,夏季虫体淡黄,腹部嫩绿,冬季
黑褐色。胸部背面有 4 条红黄色或黄色纵纹。翅透明,长
椭圆形,翅端部圆弧形,翅脉黄褐色至褐色。

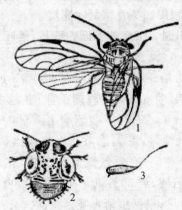

图 28　梨木虱
1. 雌成虫　2. 若虫　3. 卵

卵:圆形,初为黄绿色,后变黄色。一端钝圆,下有一个

刺状突起,起着固卵的作用。

若虫:初孵时长卵圆形,扁平,淡黄色有褐色斑纹。后翅芽增大呈扇状,虫体扁圆形,体背褐色,间有黄、绿斑纹。复眼为鲜红色。

【发生规律】

一年发生3～4代。以受精雌成虫在树皮裂缝、落叶和杂草丛中越冬。3月上、中旬开始活动,卵产在梨芽基部、枝条叶痕等处。卵3～4粒成一排或7～8粒成两排。4月上旬卵开始孵化,初孵幼虫聚集在新梢、叶柄及叶背吸食为害。6月出现成虫,以后几代孵化不整齐,有世代重叠现象。成虫多在叶背产卵,若虫沿叶脉为害。10月出现最后一代成虫并潜伏越冬。一年中,梨树生长前期受害较重,一般干旱年份发生严重,大雨有冲刷作用,可减轻为害。

【防治方法】

(1)刮除翘皮。冬春季刮除翘皮。

(2)清洁田园。彻底清除园内残枝、落叶、杂草,消灭越冬成虫。

(3)药剂防治。早春梨树发芽前,喷3波美度石硫合剂;成虫产卵期,喷5%蒽油乳剂杀卵;在越冬成虫出蛰盛期至产卵前喷1.8%阿维菌素乳油4 000～5 000倍液、2.5%敌杀死乳油等,可大量杀死出蛰成虫,在落花后第1代幼虫集中期喷5%高效氯氰菊酯2 000倍液,或30%百磷3号1 500倍液,或30%氰·马乳油1 500～2 000倍液。6～8月天气干旱,根据虫情再喷药1次。

(4)生物防治。有花蝽、瓢虫、蓟马、肉食螨及寄生蜂等,对梨木虱有明显抑制作用。喷药防治时,应根据园中天敌数量,选择用药,保护天敌繁衍。

4)梨蚜和梨黄粉蚜

【寄主及危害状】(图 29、图 30)

为害梨树的蚜虫主要有两种:梨蚜,又叫梨二叉蚜,属同翅目蚜科;梨黄粉蚜,属同翅目瘤蚜科。

两种蚜虫中梨蚜分布最广,以若虫或成虫群集嫩芽和嫩叶刺吸为害。先为害膨大后的梨芽,展叶后在叶面上为害,枝梢顶端的嫩叶受害最重,被害叶片向正面纵卷。受害严重时造成大量落叶,影响树势和果实发育。

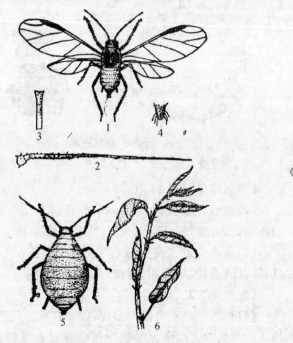

图 29 梨蚜

1. 有翅胎生雌蚜 2. 有翅胎生雌蚜的触角 3. 有翅胎生雌蚜的腹管

4. 有翅胎生雌蚜的尾片 5. 无翅胎生雌蚜 6. 被害叶片

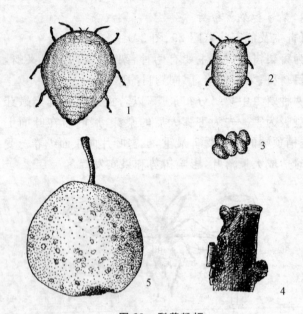

图 30　梨黄粉蚜

1. 成虫　2. 若虫　3. 卵　4. 越冬部位　5. 被害果

【形态特征】(图 29、图 30)

(1)梨蚜　成虫体长 2 mm,绿色或黄褐色,无翅蚜额瘤不显著,有翅蚜卵圆形,灰绿色,前翅中脉分二叉。

(2)梨黄粉蚜　成虫只有无翅蚜,体长 0.7 mm,米黄色,体具蜡腺,故蜡质明显,腹管退化。

【发生规律】

(1)梨蚜　一年发生十多代,以卵在芽缝及小枝裂缝处越冬。春季为害最重。早春梨树萌芽时若虫孵化,群居芽上,吸食汁液。展叶后转入叶上为害,以枝梢顶端嫩叶受害最重。被害叶片由两端纵卷,并有"蜜露"分泌而污染叶子,不久即失水干枯脱落。5月中、下旬开始产生有翅蚜,迁移至夏季寄主狗尾草上繁殖为害,秋季又回到梨树上繁殖为害,11月开始产生雌雄性蚜,交配产卵越冬。

(2)梨黄粉蚜　以卵在梨树翘皮下、枝杆上越冬,第二年梨树开花时卵孵化,若蚜在翘皮下取食。7月上、中旬集中在萼洼部位为害,也有一些在梗洼和两果相接处。受害初期果面出现黄斑,继而发黑,果实未收前蚜虫大部分转移到树皮缝中产卵越冬。多雨年份受害较重,被害果贮藏期易腐烂。

【防治方法】

(1)人工防治。冬季刮除树皮及树上残附物,消灭越冬卵。

(2)药剂防治。开花前,越冬卵全部孵化而又未造成卷叶时喷药防治,可选药剂有20%康复多浓可溶剂5 000～8 000倍液、10%蚜虱净可湿性粉剂4 000～6 000倍液、2.5%扑虱蚜可湿性粉剂1 000～2 000倍液等,秋季迁回梨树上时,再喷药1次,可基本控制为害。梨黄粉蚜在萌芽前喷3波美度石硫合剂。转果为害期喷药防治,药剂有10%烟碱乳油800～1 000倍液、3%啶虫脒乳油2 000～2 500倍液、2.5%扑虱蚜可湿性粉剂1 000～2 000倍液、10%蚜虱净可湿性粉剂4 000～6 000倍液、20%康复多浓可溶剂8 000倍液等。

(3)生物防治。保护利用天敌。蚜虫天敌种类很多,主要有瓢虫、食蚜蝇、蚜茧蜂、草蛉等,当虫口密度很低时,不需要喷药,应注意天敌的保护利用。

5)梨网蝽

【寄主及危害状】(图31)

梨网蝽又叫梨军配虫、花编虫。属半翅目网蝽科。各梨产区均有分布。主要为害梨及苹果,也为害沙果、桃、李、杏等。以成、若虫在叶背吸食汁液,被害叶正面呈苍白的褪绿斑点,严重时全叶苍白,叶背面有褐色粪便,能诱致煤污病发生,污染梨叶,天气干旱时,叶片早期脱光,造成二次开花,影响来年结果。

【形态特征】(图 31)

成虫:体长 3～4 mm,暗褐色,体扁,头小,复眼红色。前胸背板突出,将头覆盖,前胸两侧突出部分及前翅半透明,网状纹明显,前翅合叠起来其翅上的黑斑呈"X"状。腹部金黄色,有黑色斑纹,足黄褐色。

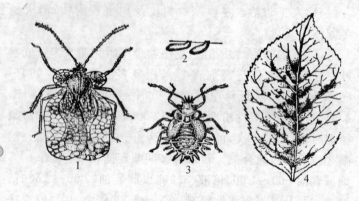

图 31 梨网蝽

1. 成虫 2. 卵 3. 若虫 4. 被害状

卵:圆筒形,一端稍弯曲。初为灰绿色,半透明,后变为淡褐色。

若虫:共 4 龄,初为白色,后变暗褐色,体形与成虫相似,翅发育不完全,腹部两侧有锥形刺突。

【发生规律】

一年发生 5～6 代。以成虫在枯草、落叶、树皮裂缝及背风向阳的土缝、石缝内越冬。春季果树发芽后,出蛰活动,集中叶背吸食汁液。卵产在叶背组织内,一次产卵数十粒。产卵处沾黄褐色黏液和粪便。卵期 15～20 d,5 月底至 6 月上旬若虫孵化,集中在叶背主脉两侧活动,如遇惊动,即行分散。由于虫期参差不齐,田间常有世代重叠现象,高温干燥条件下,易猖獗成灾。

【防治方法】

(1)人工防治。成虫下树越冬前,在树干上绑草把,诱集消灭越冬成虫。冬季清扫果园,刮树皮,深翻树盘,消灭越冬成虫。

(2)药剂防治。越冬成虫出蛰盛期和第 1 代若虫孵化盛期,用 90％敌百虫 1 000 倍液、2.5％功夫乳油、20％灭扫利乳油、2.5％保得乳油、5％高效氯氰菊酯乳油 2 000 倍液等喷雾防治。

6)梨星毛虫

【寄主及危害状】(图 32)

梨星毛虫俗称饺子虫。属鳞翅目斑蛾科。我国各梨区发生普遍。幼虫为害梨的芽、花蕾、花及叶片。受害严重时,当年第 2 次开花,对产量及树势影响很大。除为害梨外,还严重为害苹果、沙果、海棠等果树。越冬幼虫出蛰后,蛀食花芽和叶芽,被害花芽流出树液。为害叶片时把叶缘用丝粘在一起,包成饺子形,幼虫于其中吃食叶肉。夏季刚孵出的幼虫不包叶,在叶背面吃叶肉,叶子被害处呈筛网状。

【形态特征】(图 32)

成虫:体长 9～12 mm,翅展 19～30 mm。全身黑色,翅半透明,暗黑色,翅脉明显,上生许多短毛,翅缘深黑色。雄蛾触角短,羽毛状,雌蛾锯齿状。

卵:椭圆形,初为白色,后渐变为黄白色,孵化前为紫褐色,数十粒至数百粒单层排列为块状。

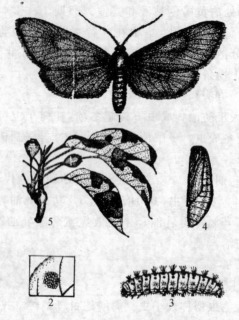

图 32　梨星毛虫

1. 成虫　2. 卵　3. 幼虫　4. 蛹　5. 被害状

　　幼虫:从孵化到越冬出蛰期的小幼虫为淡紫色。老熟幼虫体长 20 mm 左右,白色或黄白色,纺锤形,体背两侧各节有黑色斑点两个和白色毛丛。

　　蛹:体长 12 mm,初为黄白色,近羽化时变为黑色。

　　【发生规律】

　　在华北地区一年 1 代,以小幼虫在树皮裂缝和土块缝隙中做茧越冬。每头幼虫可为害 5～7 个叶片。幼虫老熟后在包叶中或在另一片叶上做白茧化蛹,蛹期约 10 d。在6 月下旬至 7 月中旬为成虫发生期。成虫白天潜伏在叶背不动,黄昏后活动交尾,产卵于叶背面,呈不规则块状。卵期 7～10 d。幼虫于 6 月下旬越冬;一年 2 代的,则幼虫继续为害,至 8 月上、中旬出现第 1 代成虫,再产卵繁殖越冬代越冬。

【防治方法】

(1)人工防治。在早春果树发芽前,越冬幼虫出蛰前,对老树进行刮树皮,对幼树进行树干周围压土消灭越冬幼虫。刮下的树皮集中烧毁。发生不太严重的果园,组织人力摘除虫苞集中处理。

(2)药剂防治。抓住萌芽至开花前,幼虫出蛰期和当年第 1 代小幼虫孵化期喷药,幼虫卷叶后防治效果降低。可选用药剂有 50%辛硫磷乳油1 000 倍液、2.5%功夫乳油2 000 倍液、20%灭扫利乳油3 000 倍液、2.5%保得乳油2 000 倍液、5%高效氯氰菊酯乳油2 000 倍液等。开花前连喷 2 次,一般可控制为害。6 月底以后可喷 90%敌百虫乳剂1 000 倍液。

7)梨茎蜂

【寄主及危害状】(图 33)

梨茎蜂又叫梨梢茎蜂、折梢虫、剪头虫,属膜翅目茎蜂科。各梨产区普遍分布,我国各梨产区均有发生。主要为害梨树,亦为害苹果等。成虫产卵为害春梢,受害严重的梨园,满园断梢累累,大树被害后影响树势及产量,幼树被害后影响树冠扩大和整形。

【形态特征】(图 33)

成虫:体长 9～10 mm。触角丝状,黑色。翅透明,除前胸后缘两侧、翅基部、中胸侧板及后胸背板的后端黄色外,其余身体各部黑色。后足腿节末端及胫节前端褐色,其余黄色。雌虫腹部第 2～3 节呈红褐色,末端有一锯状产卵器。

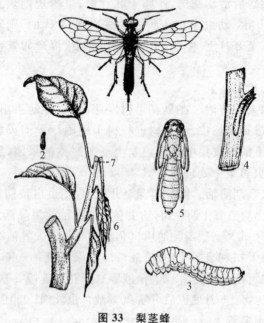

图 33　梨茎蜂

1. 成虫　2. 卵　3. 幼虫　4. 幼虫为害枝
5. 蛹　6. 成虫产卵为害断枝　7. 产卵痕

卵：乳白色，透明，长椭圆形，稍弯曲。

幼虫：老熟幼虫体长 10～11 mm，头部淡褐色，胸腹部黄白色，胸足退化；各体节侧板突出形成扁平侧缘。体稍扁，头、胸部向下弯，尾端向上翘。

蛹：体长 10 mm 左右，裸蛹，全体乳白色，复眼红色，近羽化前变为黑色，茧棕褐色，长椭圆形。

【发生规律】

一年 1 代，以老熟幼虫或蛹在被害枝条蛀道的基部越冬。越冬幼虫在梨树开花期（4 月中、下旬）羽化为成虫。在新梢长出 7～10 cm 时产卵，产卵时成虫用产卵器锯断新梢,将卵产在留下的小桩内,卵期7~10 d,每头雌蜂产卵20粒左右。幼虫孵化后,先在小短木桩内为害,长大后钻到二年生枝中串食。8、9月在被害梢内作茧越冬。成虫有假死性和群集性,常停息在树冠下部及新梢叶背面。

【防治方法】

(1)人工防治。冬春季剪除被害枯枝和产卵新梢,消灭卵和幼虫。利用成虫早晚不善活动,成群栖息的习性,在清晨或傍晚震落成虫,人工捕杀。

(2)药剂防治。4月上、中旬,成虫发生期喷90%晶体敌百虫800倍液、20%氰戊菊酯乳油或2.5%敌杀死乳油2 000倍液毒杀成虫。

2. 梨树病害

我国梨树病害有百余种,发生严重的有腐烂病、黑星病、轮纹病、锈病、黑斑病、白粉病等。

1)梨树腐烂病

梨树腐烂病又叫臭皮病。我国北方梨区分布普遍。常造成整株及整片梨树死亡。

【症状识别】(图34)

主要为害主枝、侧枝,主干和小枝发生较少,但是在感病的西洋梨上,主干发病重,小枝也常受害。症状主要有溃疡型和枝枯型两种。

(1)溃疡型 树皮上初期病斑椭圆形或不规则形,稍隆起,皮层组织变松,呈水渍状湿腐,红褐色至暗褐色,以手压之,病部稍下陷并溢出红褐色汁液,此时组织解体,易撕裂,并有酒糟味。随后,病斑表面产生疣状突起,渐突破表皮,露出黑色小粒点(即病菌的子座和分生孢子器),大小约1 mm。

(2)枝枯型 多发生在极度衰弱的梨树小枝上,病部不呈水渍状,病斑形状不规则,边缘不明显,扩展迅速,很快包围整个枝干,使枝干枯死,并密生黑色小粒点(分生孢子器)。病树的树势逐年减弱,生长不良,如不及时防治,可造成全树枯死。

腐烂病菌偶尔也可通过伤口侵害果实,初期病斑圆形,褐色至红褐色软腐,后期中部散生黑色小粒,并使全果腐烂。

【病原】(图34)

梨腐烂病菌属于囊菌亚门球壳菌目腐皮壳属。无性世代为半知菌亚门壳囊孢属以无性阶段进行侵染,分生孢子器密集散生在表皮下,后期突出,扁圆锥形,淡黑色至黑色。一般每个子座内有一个分生孢子器,形状不整齐,具有多腔室和一个黑色的孔口,分生孢子梗分枝或不分枝,无色,单胞。分生孢子香蕉形,两端钝圆,无色,单胞。

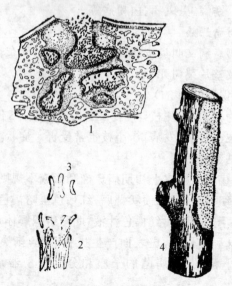

图 34 梨树腐烂病

1. 分生孢子器 2. 分生孢子梗 3. 分生孢子 4. 症状

【发病规律】

梨树腐烂病菌以菌丝体、分生孢子器及子囊壳在枝干病部越冬。翌年春季产生分生孢子,随风雨传播,从伤口入侵。病菌具有潜伏侵染的特点,只有在侵染点树皮长势衰弱或死亡时才容易扩展,产生新的病斑。每年春季及秋季出现两个发病高峰,以春季发病高峰明显。栽培管理粗放,树势衰弱的容易发病。

【防治方法】

(1)农业防治。加强栽培管理,科学施肥浇水,增施有机肥,合理修剪,适量留果,增强树势,以提高抗病力。

(2)枝干涂白。既可防止日灼或冻伤,亦可减少该病发生。

(3)药剂防治。经常检查,发现病疤及时刮除,刮后涂以腐必清 2～3 倍液,或 5‰菌毒清水剂 30～50 倍液,或 2.12‰843 康复剂 5～10 倍液等,每隔 30 d 涂 1 次,共涂 3 次。春季发芽前全树喷布 5‰菌毒清水剂 100 倍液,或 20%农抗 120 水剂 100 倍液等。

2)梨锈病

梨锈病又叫赤星病、羊胡子,是梨树重要病害之一。我国梨产区都有分布。发病严重时,常引起叶片早枯、脱落,幼果畸形、早落,对产量影响很大。

【症状识别】(图 35)

梨锈病主要为害叶片和新梢,严重时也能为害幼果。叶片受害开始在叶正面发生橙黄色、有光泽的小斑点,逐渐发展为近圆形的病斑。病斑表面密生橙黄色小斑点,为病菌的性子器。从性子器溢出淡黄色黏液,内含大量性孢子。黏液干燥后,小点微变黑,病斑组织渐变肥厚,背面隆起,正面微凹陷,不久在隆起处长出褐色毛状物,为锈菌的锈子腔。锈子腔成熟后先端开裂，散出黄褐色粉末，为锈孢子。最后病斑变黑枯死，仅留锈子腔的痕迹。病斑多时，引起早期落叶。幼果受害初期病斑大体与叶片上的相似。病果生长停滞，往往畸形早落。新梢、果梗与叶柄被害，症状大体与幼果上相同。

【病原】(图35)

梨锈病菌为梨胶锈菌，属担子菌亚门冬孢菌纲锈菌目胶锈菌属。梨锈病菌的性孢子器呈葫芦状，性孢子纺锤形，无色、单胞，锈孢子器细圆筒状，锈孢子球形或近球形，橙黄色，表面有疣。冬孢子纺锤形或椭圆形，双胞，橙黄色，有长柄，分隔处缢束。担孢子(小孢子)卵形，无色，单胞。

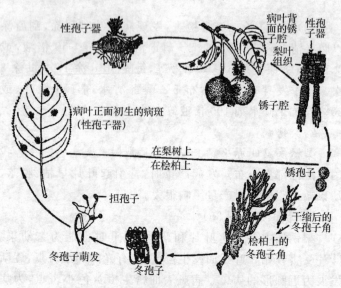

图35 梨锈病侵染循环图

在转主寄主桧柏上的冬孢子，萌发最适温度17～

20℃,担孢子(小孢子)发芽最适温度 15～23℃,锈孢子萌发最适温度 27℃。

【发病规律】

梨锈菌能产生冬孢子、担孢子、性孢子和锈孢子四种类型孢子,但不产生夏孢子,因此不能进行再侵染。病菌以菌丝体在桧柏绿枝或鳞叶上的菌瘿中越冬。第 2 年春季在桧柏上形成冬孢子角,冬孢子萌发产生担孢子,借风力传播到3～5 km 以外的梨树上萌发入侵,梨树上产生性孢子器及性孢子、锈孢子器及锈孢子。秋季锈孢子随风传回桧柏上越冬。梨锈病的发生与桧柏多少、距离远近有直接关系。方圆 3～5 km 范围内,如无转主寄主,锈病就很少发生或不发生。

【防治方法】

(1)清除转主寄主 彻底砍除距果园 5 km 以内的桧柏树。

(2)药剂防治 梨园附近不能刨除桧柏时应剪除桧柏上的病瘿。早春喷 2～3 波美度石硫合剂或波尔多液 160倍液,也可喷五氯酚钠 350 倍液。在发病严重的梨区,花前、花后各喷 1 次药以进行预防保护,可喷 12.5％特谱唑可湿性粉剂 3 000～5 000 倍液、25％粉锈宁可湿性粉剂1 500～2 000 倍液、6％乐必耕可湿性粉剂1 000～1 200 倍液、10％世高水分散粒剂6 000～7 000倍液。

3)梨黑星病

黑星病是梨树的一种重要病害。我国各梨区均有发生,尤以北方发生普遍,为害严重。常引起早期落叶,树势衰弱,果实畸形,对产量和品质影响很大。

【症状识别】(图 36)

梨黑星病能侵染梨树所有的绿色幼嫩组织,主要侵害叶片和果实,也可以为害花序、芽鳞、新梢、叶柄、果柄等部位,从落花期到果实成熟期均可为害。病斑初期变黄,后变褐枯死并长黑绿色霉状物,病征十分明显。

叶片:叶片受害,先在叶正面发生多角形或近圆形退色黄斑,背面产生辐射状霉层,尤以小叶脉上最易着生,病情严重时,病叶大量早落。

芽鳞:感病的幼芽鳞片,茸毛较多,后期产生黑霉,严重时芽鳞开裂枯死,感病较轻的病芽第二年春季萌发为病梢。在一个枝条上,亚顶芽最易受害,病芽绝大部分是叶芽,花芽极少发病。

花序:花序发病,花萼、花梗基部发生霉斑,接着叶簇基部也发病,使花序和叶簇萎蔫枯死。

新梢:新梢发病后,初期形成椭圆或梭形霉斑,后期病部皮层开裂呈粗皮状的疮痂,所以又叫疮痂病。

果实:幼果受害,大多数早落或病部木质化停止生长成为畸形果。大果实受害,可发生十几个到几十个病斑,形成疮痂状凹斑,出现星裂或龟裂,病斑伤口常被其他多种果实腐烂病菌再侵染,使全果腐烂。

【病原】(图36)

梨黑星病菌属于囊菌亚门黑星菌属。无性世代属半知菌亚门丝孢纲丛梗孢目黑星孢属,病斑上的霉层是该菌分生孢子梗及分生孢子。

【发病规律】

病菌能以菌丝团或子囊壳在落叶中越冬,翌年形成子囊孢子。第2年春季,产生分生孢子或子囊孢子,借风雨传播进行初侵染,分生孢子落到叶片上,主要从气孔侵入,也可穿透表皮直接侵入;在果实上,可以通过皮孔侵入,也可直接侵入。陕西关中地区3月下旬至9月中旬,梨树均能受害。以叶片及果实受害最重。病害大流行多在 6～7 月。

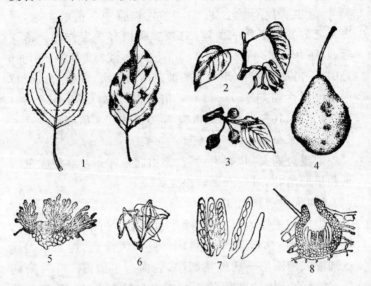

图36　梨黑星病症状和病原

1. 病叶　2. 病叶柄　3. 病幼果　4. 病果　5. 分生孢子梗
6. 病花序　7. 子囊和子囊孢子　8. 子囊壳

病菌孢子入侵要求一次降水在 5 mm 以上,并连续有 48 h 以上的雨天。分生孢子萌发需相对湿度 70% 以上, 80% 以上萌发率最高,菌丝生长适宜温度 22～23℃,分生孢子形成最适温度 20℃,萌发最适温度 22℃。

【防治方法】

(1)选择抗病品种。比较抗病的品种有香水梨、雪花梨、蜜梨、巴梨等。

(2)农业防治。根据梨树发育规律,进行水肥管理,增施有机肥料,促进树势健壮生长,提高对黑星病的抵抗能力。清除越冬病菌。

（3）药剂防治。梨树萌芽破绽期（3月中旬）结合防虫喷3～5波美度石硫合剂或50％代森胺400倍液1次，可以杀死病芽中潜伏的菌丝，对减少病梢有一定作用。落花后（4月中下旬）喷1∶1∶160倍波尔多液。5月中、下旬，6月中、下旬及7月中、下旬各喷波尔多液1次，或用12.5％特谱唑可湿性粉剂3 000～5 000倍液、40％福星乳油8 000～10 000倍液、10％世高水分散粒剂6 000～7 000倍液喷雾。

4）梨黑斑病

梨黑斑病又叫"裂果病"。常引起西洋梨及红梨大量裂果和早期落叶，对生产影响很大。

【症状识别】（图37）

黑斑病主要为害果实、叶片和新梢。初在幼果发病时，果面上产生一个至数个黑色圆形针头大斑点，逐渐扩大成近圆形或椭圆形。病斑略凹陷，表面遍生黑霉。叶片染病后，幼嫩的叶片最早发病，开始时产生针头大、圆形、黑色的斑点，后斑点逐渐扩大成近圆形或不规则形，中心灰白色，边缘黑褐色，有时微现轮纹。潮湿时，病斑表面遍生黑霉，此即病菌的分生孢子梗及分子孢子。叶片上长出多数病斑时，往往相互联合成不规形的大病斑，叶片成为畸形，引起早期落叶。新梢染病时，病斑早期黑色，椭圆形，稍凹陷，后扩大为长椭圆形，凹陷更明显，淡褐色生有霉状物，病部与健部分界处常产生裂缝。

【病原】（图37）

梨黑斑病菌属半知菌亚门丝孢纲丛梗孢目交链孢属。病斑上长出的黑霉是病菌的分生孢子梗和分生孢子。分生孢子梗丛生，青褐色，数根至十余根丛生，一般不分枝，少数有分枝。分生孢子串生，形状不一，一般为倒棍棒状，基部膨大，顶端细小，黄褐色，具纵隔膜1～3个，横隔膜2～

9个。

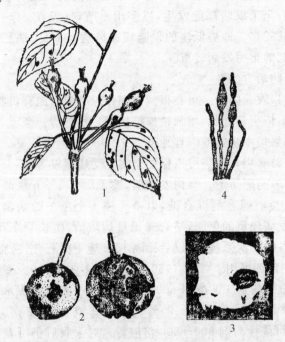

图 37 梨黑斑病症状及病原
1. 病叶及幼果 2. 病果 3. 花上的病斑
4. 分生孢子梗及分生孢子

【发病规律】

黑斑病菌以分生孢子和菌丝体在被害枝梢、病芽、病果梗、树皮及落于地面的病叶、病果上越冬。翌年春季产生分生孢子,借风雨传播。分生孢子在充分湿润情况下,经气孔、皮孔侵入或直接穿透寄主表皮侵入,引起初次侵染。枝条上病斑形成的孢子,被风雨传出去后,隔 2～3 d 于病部会再次形成孢子,如此可以重复 10 次以上。这样,新旧病斑上陆续产生分生孢子,不断引起重复侵染。此病从梨树落花后至采果期都能发生,以多雨季节,气温在 24～28℃ 时发病较多。地势低洼的果园或通风透光不良、缺肥或偏施氮肥的梨树发病较重。

【防治方法】

(1)农业防治。可在果园内间作绿肥或增施有机肥料,促使梨树生长健壮,增强植株抵抗力。秋后清扫梨园,把病叶、病果集中烧毁或深埋地下。

(2)套袋。套袋可以保护果实免受病菌侵害。

(3)药剂防治。梨树发芽前,喷 1 次 0.3％五氯酚钠与 5 波美度石硫合剂混合液,以杀灭枝干上越冬的病菌。在历年发病较重的果园,结合梨黑星病防治,生长季在花前、花后各喷 1 次杀菌剂,以后每隔 15 d 施 1 次药,连续喷 5～6 次。药剂可用 1∶2∶(160～200)波多尔液,10％多氧霉素可湿性粉剂 1 000～1 500 倍液、68.75％杜邦易保水分散粒剂 800～1 500 倍液、70％代森锰锌或 80％喷克、大生 M-45 可湿性粉剂 600～800 倍液等。对采收后仍可发病的果实,采收后用内吸性杀菌剂处理果实,可试用 50％扑海因 1 500 倍液浸果 10 min。

(4)低温贮藏。采用低温贮藏(0～5℃),可以抑制黑斑病的发展。

(三)葡萄病虫害

1. 葡萄虫害

1)葡萄虎蛾

【寄主与危害状】(图 38)

葡萄虎蛾属鳞翅目虎蛾科。分布于黑龙江、辽宁、河北、山东及华中等地区,在河北省分布较广。为害葡萄及野生葡萄。以幼虫食叶肉,将叶片咬成缺口和大大小小的窟窿。幼虫喜食嫩叶,严重时将上部嫩叶吃光,仅余叶脉。

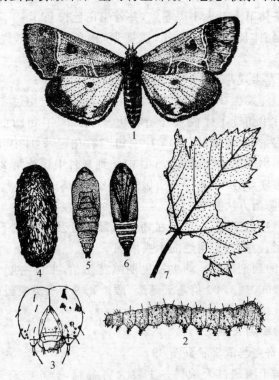

图 38 葡萄虎蛾

1. 成虫 2. 幼虫 3. 幼虫头部(正面观) 4. 茧
5. 蛹(背面观) 6. 蛹(腹面观) 7. 被害状

【形态特征】(图 38)

成虫:体长 18～20 mm,翅展 44～47 mm。身体灰色,密生黑色鳞片。体的腹面、后翅上下面均为橙黄色,前翅后缘部呈暗紫色,翅中央有肾状纹两个。内横线及外横线灰色,近外缘有灰色细波状纹。后翅外缘为黑色,近后角有红褐色斑。

幼虫:老熟幼虫体长 40 mm 左右,头部黄褐色,胸部黄色。各体节上有大小黑瘤点,并着生白色长毛。

蛹:体长 18～20 mm,纺锤形,褐色,尾端齐,左右有突起。

【发生规律】

一年发生 2 代,以蛹在葡萄根部附近的土中过冬。来年 5 月中旬越冬代成虫开始羽化。6 月中、下旬幼虫开始孵化,为害葡萄叶片,到 7 月中旬左右化蛹,7 月中旬到 8 月中旬出现第 1 代成虫。8 月中旬到 9 月中旬为第 2 代幼虫为害期,幼虫老熟后入土做土室化蛹越冬。

【防治方法】

(1)人工防治。早春在葡萄根部附近及葡萄架下面挖越冬蛹,特别注意腐烂的木头周围。

(2)药剂防治。幼虫发生期喷药防治,虫口密度大时,可喷 2 000～3 000 倍杀灭菊酯、敌杀死等菊酯类农药,也可喷 800 倍敌百虫或敌敌畏等。

2)葡萄天蛾

【寄主与危害状】(图 39)

属于鳞翅目天蛾科。主要为害葡萄,分布于辽宁、河北、河南、山东、山西、陕西等省。小幼虫多将叶片咬成孔洞或缺刻,大幼虫将叶片吃光仅残留部分叶脉和叶柄,严重时可将叶片吃光,削弱树势,造成减产。树下常有大粒虫粪落下,易发现。

【形态特征】(图 39)

成虫:体长约 45 mm,翅展 80～100 mm。体肥大,茶褐色,体背有一条浅灰白色线由胸背直通腹部末端。触角背面黄色,腹面褐色,前翅顶角突出,前翅具横纹数条,为暗茶褐色,中部横线较宽,外部横纹较细成波状,外缘有不太明显棕色横带一条,顶角有浓茶褐色三角斑一块,后翅棕褐色,外缘及后角附近各有茶褐色横带一条,缘毛浅红色。

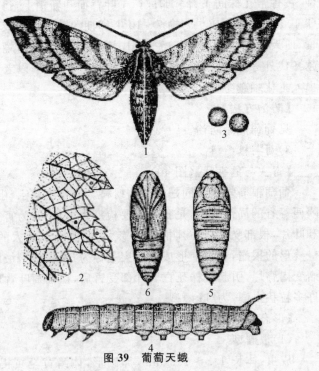

图 39　葡萄天蛾

1. 成虫　2. 产于叶上的卵　3. 卵粒
4. 幼虫　5. 蛹(背面观)　6. 蛹(腹面观)

卵:圆球形,直径约 1.5 mm,淡绿色。

幼虫:老幼虫体长约 80 mm,体表布有横纹和黄色颗粒状小点。第 8 腹节背面有一尾角。

蛹:长 45～55 mm,长纺锤形,棕褐色,顶有圆形黑斑。

【发生规律】

北方发生 1～2 代,南方发生 2～3 代,各地均以蛹在土内越冬,1 代区 6～7 月发生成虫,3 代区成虫发生期在 4～5 月、6～7 月、8～9 月,成虫白天潜伏、夜间活动,有趋光性,黄昏常在株间飞舞。卵散产于叶背面和新梢上,每雌产卵 400～500 粒,成虫寿命 7～10 d,卵期约 7 d,幼虫夜晚取食,白天静伏。幼虫期 40～50 d,老熟后入土化蛹,蛹期除越冬代外一般约 10 d,7～8 月份为害严重,秋季以老熟幼虫入土化蛹越冬。

【防治方法】

见葡萄虎蛾防治。

3)葡萄根瘤蚜

【寄主与危害状】(图 40)

葡萄根瘤蚜属于同翅目根瘤蚜科。分布于辽宁、山东、陕西等省的局部地区,是我国重要检疫害虫,主要为害根部和叶片,根部受害后在须根端部膨大,形成小米粒大的、略呈菱形的根瘤,粗根上形成瘤状突起称为"根瘤型",最后虫瘤变褐腐烂,引起全株死亡。叶部受害后,在葡萄叶背形成许多粒状虫瘿,为"叶瘿型"。

【形态特征】(图 40)

(1)根瘤型

成虫:体长 1.2～1.5 mm,卵圆形,体鳞黄至黄褐色,有的稍带绿色。触角及足黑褐色,体背各节具许多瘤状突起,突起上有刺毛 1～2 根。

卵:长椭圆形,长约 0.3 mm,宽 0.16 mm,初为淡黄色,略有光泽,近孵化变成暗黄色。

幼虫:初孵幼虫体淡黄,触角及足为半透明状、后体色

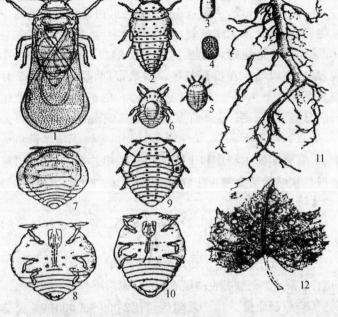

图40　葡萄根瘤蚜

1.有翅型雄虫　2.有翅型若虫　3.有性卵　4.无性卵　5.有性型
雄虫　6.有性型雌虫(腹面)　7.叶瘿型成虫(背面)　8.叶瘿型
成虫(腹面)　9.根瘤型成虫(背面)　10.根瘤型成虫(腹面)
11.根部被害状　12.叶瘿

变黄,1龄若虫体椭圆,头及胸部膨大,腹部缩小,2龄后体变卵圆形,眼红色。

(2)叶瘿型

成虫:体近圆形,黄色,背部无瘤状突起,表皮上可见微细的凹凸纹,胸、腹部两侧有明显气孔。

卵:长椭圆形,淡黄色,较根瘤型卵色浅、壳薄。

幼虫:长椭圆形,前宽后狭。长约0.9 mm,体色较浅。

【发生规律】

一般每年8代,主要以1~2龄幼虫在葡萄根部裂缝中过冬,春季发育为无翅雌蚜,单性产卵繁殖,每雌产卵40~100粒,卵孵化幼蚜仍在根部为害。形成根瘤,繁殖5~8代,最后仍以幼蚜在根部越冬。少数以卵过冬。全年5月中旬至6月下旬和9月虫口密度最大,在6~9月间也产生一部分有翅蚜。我国目前发生的地区有翅蚜仍在根部为害,少数到叶片上,但未发现产卵。此虫主要靠苗木带虫传播,根瘤蚜的发生轻重和土质结构有密切关系,一般有团粒结构比较疏松的土壤发生较重,黏重土或沙土则发生轻。

【防治方法】

(1)加强检疫。严格检疫防止传播。严禁已发生区的苗木、枝条外运或引种。

(2)苗木消毒。苗木和枝条实行药剂处理,用500倍杀灭菊酯、敌杀死等菊酯类农药浸泡1 min以杀死苗木上的虫体。

(3)药剂灌根。在已发生区可用2 000~3 000倍杀灭菊酯、氯氰菊酯、敌杀死等菊酯类农药在秋、春季节灌根,或用1 000倍辛硫磷灌根。

4)葡萄二星叶蝉

【寄主与危害状】

葡萄二星叶蝉属于同翅目叶蝉科。分布全国。主要为害葡萄、苹果、梨、桃、山楂和樱桃等树种。以成虫、若虫为害叶片,受害叶片失绿变色,影响光合产物生成,降低果实品质和枝条发育,造成叶片早期脱落。

【形态特征】(图41)

成虫:体长约3.7 mm,全体淡黄或黄褐色,头顶有两个明显的圆形黑斑横列,复眼黑色,触角刚毛状。前胸背板中部有褐色纵纹,前缘两侧各有三个黑斑,小盾片前缘两侧各有略呈三角形黑斑一块。

若虫：初孵若虫乳白色。后体色加深，有两种色型，一种为淡黄色，尾部不上举；另一种为褐色，尾部上举。老若虫具翅芽，体近似成虫，长约 2.5 mm。

卵：长椭圆形，长 0.5 mm，稍弯曲。初产乳白，渐变黄白色。

图 41　葡萄二星叶蝉成虫

【发生规律】

发生代数各地不一，河北昌黎每年 2 代，山东、陕西、山西每年 3 代，以成虫在葡萄园附近的杂草、落叶或石缝内或屋檐下及其他隐蔽场所过冬，葡萄发芽时开始活动，先在梨、苹果或桃、山楂、樱桃等寄主嫩叶上刺吸汁液，葡萄展叶后则逐渐转移到葡萄叶片上取食为害。成虫产卵于叶脉内或叶背茸毛下，卵散产。卵孵化后被产卵处变褐色。2 代区 6 月上旬出现第 1 代若虫，6 月下旬出现第 1 代成虫，7 月中旬出现第 2 代若虫，8 月出现第 2 代成虫。3 代区 9～10 月出现第 3 代成虫。一般通风不好、杂草丛生或湿度较大的地方发生较重。从葡萄展叶直至落叶期均有为害。

【防治方法】

（1）人工防治。清除落叶及杂草消灭越冬成虫。

（2）药剂防治。第 1 代若虫期喷 2.5％敌杀死乳油 2 000～3 000 倍，防治效果 95％以上，连喷 2 次彻底消灭第 1 代若虫可以控制全年为害。也可喷 80％敌敌畏 1 000 倍或 2.5％功夫乳油 2 000～3 000 倍或 90％敌百虫晶体 1 000 倍等。

2. 葡萄病害

1）葡萄霜霉病

葡萄霜霉病是世界性病害。我国各葡萄产区均有分布,流行年份,病叶焦枯早落,病梢扭曲,发育不良,对树势和产量影响很大。

【症状识别】(图 42)

主要为害叶片,也可为害地上部分的幼嫩组织。叶片受害后,开始呈现半透明、边缘不清晰的油渍状小斑,后发展成为黄色至褐色的不规则形病斑,并能愈合成大块病斑。天气潮湿时病斑背面产生灰白色霜霉层,即病菌的孢囊梗及孢子囊。病斑最后变褐干枯,叶片早落;新梢、卷须、穗轴及叶柄发病时,开始也呈现半透明油渍状小斑点,后扩大为微凹陷、黄色至褐色不定型病斑。潮湿时,病斑上产白色霜

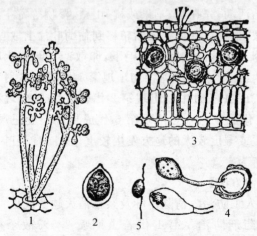

图 42　葡萄霜霉病菌
1. 孢囊梗　2. 孢子梗　3. 病组织中的卵孢子
4. 卵孢子萌发　5. 游动孢子

霉;幼果生病后,病部褪色,变硬下陷,也产生白色霜状霉层,随即皱缩脱落,果粒长大时,侵染是从果梗蔓延而来的,果粒表面变褐软腐。不久即干缩早落,果粒着色后接近成熟不再受侵染。

【病原】(图42)

葡萄霜霉病菌属于鞭毛菌亚门卵菌纲霜霉菌目单轴霜霉菌属。无性繁殖时产生孢子囊,孢囊内产生游动孢子。孢囊梗一般5~6根,由寄主气孔伸出,孢囊梗无色,单轴分枝,分枝处近直角。分枝末端略膨大,且有2~3个短的小梗,其上着生卵形、顶端有乳头突起的孢子囊,在水中萌发产生肾脏形游动孢子,游动孢子无色,生有两根鞭毛,后失去鞭毛,变成圆形静止孢子,静止后产生芽管,由叶背气孔侵入寄主。发育后期进行有性繁殖,在寄主组织内形成卵孢子,卵孢子褐色,球形,壁厚。

【发病规律】

病菌以卵孢子病叶中越冬,寿命可维持1~2年。少数情况下也有以菌丝在芽内越冬的。春季卵孢子萌发产生游动孢子囊,再以游动孢子经风雨传播至近地面的叶面上,萌发产生芽管,从气孔、皮孔侵入寄主,引起初侵染。潜育期7~12 h。葡萄发病后,产生孢子囊,进行再侵染。条件适宜时,可重复多次。秋末,病菌在病残体中形成卵孢子越冬。此病多在秋季盛发,一般冷凉潮湿的气候,有利发病。孢子囊萌发的最适温度10~15℃,最低5℃,最高21℃。在13~28℃之间孢子囊均可形成,以15℃最适宜。孢子囊形成需要空气相对湿度达95%~100%。干燥条件下,孢子囊不能形成,高温干燥下已形成的孢子囊只能存活4~6 h。因此,秋季低温多雨湿度大,易引起病害流行。

【防治方法】

(1)农业防治。冬季修剪病枝,扫除落叶,收集烧毁带菌残体,秋深翻,减少越冬菌源;棚架不要过低,改善通风透光条件。增施磷钾肥和石灰,避免偏施氮肥。雨季注意排水,减少湿度,增强寄主抗病性。

(2)药剂防治。春季用波尔多液(1∶0.5∶200)喷洒保护。发病初期用40%乙膦铝可湿性粉剂300～400倍液、58%瑞毒霉-锰锌可湿性粉剂600～700倍液、70%代森锰锌可湿性粉剂400～500倍液、64%杀毒矾可湿性粉剂400～500倍液喷雾。

2)葡萄白腐病

葡萄白腐病是北方葡萄产区一大病害,俗称"白烂"。分布于黑龙江、吉林、辽宁、内蒙古、天津、北京、河北、河南、山东、江苏、安徽等省市葡萄产区,严重年份产量损失可达60%以上,一般年份也损失20%左右。

【症状识别】

白腐病可为害葡萄果实、穗柄、果梗、叶片、新梢和枝蔓。在穗轴、果梗上先发病,初期病斑水浸状、浅褐色、不规则,逐渐向果粒发展。多先从果粒基部出现水浸状、淡褐色软腐病斑,后扩及全粒变褐、腐烂,果梗干枯缢缩,果粒发病7～8 d后由浅褐色变深褐色,病果渐失水干缩而变为褐色僵果,发病严重时常全穗腐烂,受振易落,但已干缩的僵果不易落病果,表皮组织剥落渐变灰白色。蔓上病斑初期呈水浸状、淡红褐色,边缘深褐色,病斑向两端扩展,后期变暗褐色凹陷,表面密生灰白色小颗粒状分生孢子器,当病斑环绕枝蔓一周时其上部萎黄枯死。后期病皮呈丝状纵裂与木质剥离。叶片受害多从叶尖或叶缘开始,先生黄褐色病斑,边缘水浸状,渐向叶片中部扩展,形成大块近圆形淡褐色病

斑,有不太明显的同心轮纹。后期在病叶上生灰白色小颗粒状分生孢子器,由于叶部病斑较大,病部干枯后很易破裂。

【病原】(图 43)

该病属于半知菌亚门球壳菌目。病斑上生的灰白色小颗粒即病菌的分生孢子器,分生孢子器球形或扁球形,孢子不分枝也无分隔,分生孢子梗上着生分生孢子。分生孢子单孢,圆形或梨形,初期无色,近成熟时渐变淡褐色,内含油球 1～2 个。

图 43　葡萄白腐病病原菌
1. 分生孢子器　2. 分生孢子

【发病规律】

此病主要以分生孢子器、分生孢子、菌丝体在病枝、蔓的病组织内越冬,或随病果等病组织落地在土壤内越冬。一般表土 20 cm 内较多,在土壤里的病菌可存活 4～5 年。病菌在春季气候条件适宜时产生分生孢子器和分生孢子,借风雨传播,多从伤口侵入,也可在较弱的枝条表皮直接侵入,也可从果实蜜腺侵入,侵入后潜育期 3～4 d,条件适宜即可发病。

高温高湿有利此病流行,分生孢子萌发最适温度为 28～30℃,湿度为 95％以上,所以高温多雨的年份发病重;风、雹造成伤口多的年份发病重;篱架比棚架重;近地面 40 cm 内果穗发病重;地势低洼、排水不良的葡萄园发病重,由于含糖量的增加,越近成熟期越易发病。

【防治方法】

(1)农业防治。改善通风透光条件,降低小气候湿度、及时除草及时摘心、剪副梢,提高结果部位,减少离地面很近的果穗;生长季节及时摘除病果、病穗,剪除病蔓。

(2)药剂防治。在发病严重的地区多雨年份在 6、7、8 月份每隔 10～15 d 喷一次 50％的多菌灵可湿性粉剂700～800 倍、50％托布津可湿性粉剂或 75％百菌清可湿性粉剂 500～800 倍、200 倍半量式波尔多液(1∶0.5∶200)。在发病前地面可喷施 500 倍 50％多菌灵可湿性粉剂,每亩施药 0.5 kg,也可用福美双 1 份,硫黄粉 1 份,碳酸钙 1 份,三者混合均匀,于葡萄架下撒施,每亩施药 1.5～2 kg,药后耙平。

3)葡萄炭疽病

葡萄炭疽病又叫苦腐病、晚腐病。是葡萄生长后期及采收时发生的一种重要病害。发病严重年份,果实大量腐烂,穗粒干枯,失去经济价值。除葡萄外,还为害山葡萄、苹果、梨等果树。

【症状识别】(图 44)

炭疽病主要为害接近成熟的果实,果梗及穗轴也可受害。果粒多从近地面的果穗尖端先发病。果实发病初期,穗粒表面产生针头大小的褐色、圆形小斑点,逐渐扩大,稍凹陷,病斑表面长出轮纹状排列的小黑点,即病菌的分生孢子盘。天气潮湿时,分生孢子盘长出粉红色的黏质物,是病菌的分生孢子团。病害严重时,病斑扩展到半个或整个果面。果粒软腐易脱落。穗粒布满褐色病斑,整个穗粒萎缩干枯成为僵果,失去经济价值。果梗及穗轴发病,产生深褐色长圆形凹陷病斑,严重时,果穗病部下面的果粒干枯脱落。叶、卷须和蔓也可受害，一般不表现明显症状。

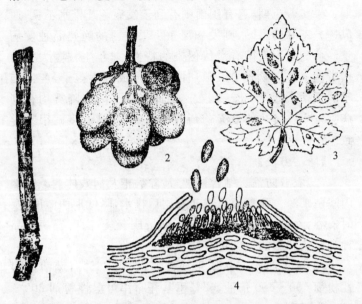

图44　葡萄炭疽病
1. 病蔓　2. 病果　3. 病叶　4. 分生孢子盘和分生孢子

【病原】(图44)

葡萄炭疽病菌属于半知菌亚门腔孢纲黑盘孢目盘圆孢属。有性世代属于子囊菌亚门核菌纲球壳菌目小丛壳菌属，我国尚未发现。病斑上的小黑点即病菌的分生孢子盘。盘上聚生分生孢子梗，分生孢子梗无色，单胞，圆筒形或棍棒形。分生孢子无色，单胞，圆筒形或椭圆形。

【发病规律】

病菌以菌丝在枝蔓上越冬，也可在架上残留的带菌死蔓、病果等处越冬。来年6～7月环境条件适宜时，病菌产生大量分生孢子，通过风、雨、昆虫等传播，在果穗上引起初侵染。发病多从 6 月中、下旬开始，7、8 月间进入发病盛期。果实着色期，遇有阴雨则有利于发病。凡排水不良、通风透光不好的果园，则发病严重。果皮薄的晚熟品种发病重。葡萄炭疽病菌有潜伏侵染的特性，二年生枝蔓大多潜伏带菌。越冬病菌在 15℃时，开始形成分生孢子，产生孢子的最适温度为 28～30℃。因此降雨、降露、降雾均有利病害发生。炎热的夏天葡萄着色成熟时，高温多雨很易导致流行。

【防治方法】

(1)农业防治。结合修剪，清除病梢及病残体。减少园内病菌来源。注意通风透光和雨后排水，降低地面湿度；及时摘心、除草，近地面果穗进行绑吊或套袋，高度感病的品种和发病严重的地区可套袋预防。

(2)喷药防治。从幼果期开始，选用 75％百菌清可湿性粉剂 500～600 倍液、50％甲基托布津可湿性粉剂 600～800 倍液、波尔多液(1∶0.5∶200)进行喷雾，每隔 10～15 d 喷 1 次，共喷 3～5 次，可有效地控制病害的发生。

4)葡萄黑痘病

葡萄黑痘病又叫黑斑病、鸟眼病、疮痂病、痘疮病等。是我国分布广、为害大的葡萄病害之一。尤其春、秋两季，温暖潮湿、多雨地区发病重，可使葡萄减产 80％左右。

【症状识别】(图 45)

黑痘病主要为害叶、叶柄、果梗、果实、新梢及卷须等幼嫩的绿色部位，以幼果受害最重。以春季和夏初为害较为集中。幼果早期极易感病，果面及穗梗产生许多褐色小点，后干枯脱落。稍大时染病，初为深褐色近圆形病斑，以后病斑扩大，中央凹陷为灰白色，边缘紫褐色，上有黑色颗粒，形如鸟眼；叶片受害，产生小型圆斑，初为黄色小点，逐渐扩展为1～4 mm 大小的中部变成灰色的圆斑，外围有紫褐色晕圈，病斑最后干枯穿孔；新梢、幼蔓、卷须、叶柄和果梗受害，病斑呈褐色、不规则形，稍凹陷果梗受害，果实干枯脱落或成僵果。

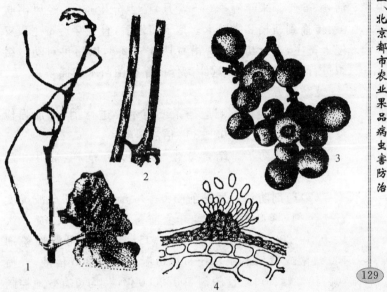

图 45　葡萄黑痘病
1. 病梢、病叶　2. 病蔓　3. 病果　4. 分生孢子盘及分生孢子

【病原】(图 45)

葡萄黑痘病菌属于半知菌亚门腔孢纲黑盘孢目痂圆孢属。有性世代属于子囊菌亚门。我国尚未发现。葡萄黑痘病菌产生分生孢子盘，生在寄主表皮下的病组织中。突破表皮后，长出分生孢子梗和分生孢子。分生孢子梗短小，无色，单胞。分生孢子椭圆形，单胞，无色，稍弯曲，两端各生有一个油球。空气潮湿时，分生孢子盘涌出胶质，乳白色的分生孢子群。

【发病规律】

黑痘病菌以菌丝在果园残留的病残组织中越冬,以结果母枝及卷须上为多。菌丝生活力很强,在病组织中可存活 4~5 年。来年春季(4~5 月)产生分生孢子,经风雨吹溅,传播到新梢和嫩叶上。孢子萌发后,直接穿透寄主表皮侵入寄主,进行初侵染。潜育期 6~12 d,以后再对幼嫩组织进行多次再侵染。远距离传播靠有菌苗木或插条。

【防治方法】

(1)加强检疫。调运插条或苗木要进行消毒,加强检疫。可用五氯酚钠 200~300 倍液浸蘸。

(2)农业防治。结合冬剪,剪除病蔓、病梢、病叶和病果,减少越冬菌源。

(3)药剂防治。发芽前喷 0.5％五氯酚钠和 3 波美度石硫合剂;展叶后至果实着色前每隔 10 d 左右喷 1 次 1:0.5:200 的波尔多液,或喷 25％多菌灵可湿性粉剂 400 倍液或喷 50％甲基托布津可湿性粉剂 800 倍液,或喷 70％代森锰锌可湿性粉剂 500~600 倍液,均可有效地控制病情发生或发展。

5)葡萄灰霉病

葡萄灰霉病引起花穗及果实腐烂,目前河北、山东、四川、上海、湖南等地已有发生,有的地区在春季已成为引起花穗腐烂的主要病害之一,流行时感病品种花穗被害率达 70％以上。

【症状识别】

灰霉病主要为害花序、幼小果实和已成熟的果实,有时亦为害新梢、叶片和果梗;花穗和刚落花后的小果穗易受侵染,发病初期被害部呈淡褐色水渍状,很快变暗褐色,整个果穗软腐,潮湿时病穗上长出一层鼠灰色的霉层;新梢及叶片产生淡褐色、不规则形的病斑。病斑有时出现不太明显轮纹,亦长出鼠灰色霉层;成熟果实及果梗被害,果面出现褐色凹陷病斑,很快整个果实软腐,长出鼠灰色霉层,果梗变黑色,不久在病部长出黑色块状菌核。

【病原】

葡萄灰霉病菌为灰葡萄孢霉,属半知菌亚门丝孢纲的真菌。病部鼠灰色霉层即其分生孢子梗和分生孢子。分生孢子梗自寄主表皮、菌丝体或菌核长出,密集成丛;孢子梗细长分枝,浅灰色,顶端细胞膨大呈圆形,上面生出许多小梗,小梗上着生分生孢子,大量分生孢子聚集成葡萄穗状。分生孢子圆形或椭圆形,单胞、无色或淡灰色。菌核为黑色不规则形,1~2 mm,剖视之,外部为疏丝组织,内部为拟薄壁组织。有性世代为富氏葡萄孢盘菌。

【发病规律】

灰霉病菌的菌核和分生孢子的抗逆力都很强,尤其是菌核是病菌主要的越冬器官。灰葡萄孢霉是一种寄主范围很广的兼性寄生菌,多种水果、蔬菜及花卉都发生灰霉病,因此,病害初侵染的来源除葡萄园内的病花穗、病果、病叶等残体上越冬的病菌外,其他场所甚至空气中都可能有病菌的孢子,菌核越冬后,次年春季温度回升,遇降雨或湿度大时即可萌动产生新的分生孢子,新、老分生孢子通过气流传播到花穗上,其孢子在清水中不易萌发,花穗上有外渗的营养物质,分生孢子便很容易萌发开始当年的初侵染。初侵染发病后又长出大量新的分生孢子,很容易脱落,又靠气流传播进行多次的再侵染。多雨潮湿和较凉的天气条件适宜灰霉病的发生。菌丝的发育以 20~24℃最适宜,因此,春季葡萄花期,不太高的气温又遇上连阴雨天,空气潮湿,最容易诱发灰霉病的流行。

【防治方法】

（1）选抗病品种　玫瑰香、葡萄园皇后、白香蕉等葡萄品种中度抗病；红加利亚、奈加拉、黑罕、黑大粒等高度抗病。

（2）农业防治　控制速效氮肥的使用，防止枝梢徒长。对过旺的枝蔓进行适当修剪，或喷生长抑制素，搞好果园的通风透光，降低田间湿度等；彻底清园和搞好越冬休眠期的防治。

（3）药剂防治　花前喷 1～2 次药剂预防，可使用 50％多菌灵可湿性粉剂 500 倍液；70％甲基托布津可湿性粉剂 800 倍液等，有一定效果，但灰霉病菌对多种化学药剂的抗性较其他真菌都强。50％农利灵可湿性粉剂在葡萄上使用，每次每亩用 0.07～0.1 kg 喷雾，在开花结束时幼穗期，至收获前 3～4 周共喷 3～4 次，对灰霉病有很好的防治效果。

（四）桃、李、杏病虫害

1. 桃、李、杏虫害

1）桃蛀螟

【寄主与危害状】（图 46）

桃蛀螟又叫桃蠹螟、桃斑螟、桃实螟。属鳞翅目螟蛾科。分布广、食性杂。以幼虫食害果实，造成严重减产。桃果受害，发生流胶，蛀孔外沾有粪便，果实变黄脱落。除危害桃外，还危害苹果、梨、杏、李、石榴和山楂等果树。

【形态特征】（图 46）

成虫：体长 12 mm 左右，翅展 20～28 mm。全体橙黄色。体背及翅的正面散生大小不等的黑色斑点，翅较薄弱，前翅黑斑约有 25～26 个，后翅约 10 个，但个体间有变异，腹部第 1 和 3～6 节背面各有 3 个黑点，第 7 节有时只有 1

个黑点,第 2、8 节无黑点,雄蛾第 9 节末端为黑色,雌蛾则不易见到。

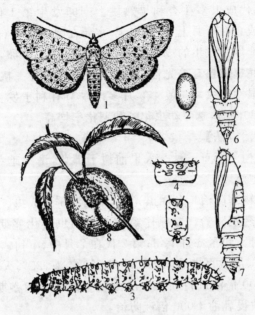

图 46 桃蛀螟

1. 成虫 2. 卵 3. 幼虫 4. 腹节背面观
5. 蛹腹面观 6. 蛹 7. 蛹侧面观 8. 被害状

卵:椭圆形,初产乳白色,后变红褐色。

幼虫:老熟时 20～25 mm,头部暗黑色,胴部暗红色。前胸背板深褐色,中、后胸及第 1～8 腹节,各有褐色大小毛片 8 个,排成 2 列,前列 6 个,后列 2 个。

蛹:体长 13 mm,褐色。臀棘细长,末端有卷曲的刺 6 根。

【发生规律】

在北京地区 1 年发生 2 代,以老熟幼虫在树皮裂缝、被害僵果等结茧越冬。在华北地区,翌年4月下旬至5月上旬,越冬幼虫开始化蛹,6月上、中旬为越冬代成虫羽化盛期,越冬代成虫多在杏和早熟桃上产卵发生第1代幼虫。第1代成虫在7月上、中旬出现,主要在晚熟桃和石榴上产卵危害。以后发生的成虫转移到其他作物上产卵,继续为害。桃蛀螟成虫有趋光性、对糖醋液也有趋性。桃蛀螟属一种喜湿性害虫。一般4、5月多雨季节有利于发生,相对湿度在80%时,越冬幼虫化蛹和羽化率均高。

【防治方法】

(1)树干绑草。秋季采果前树干绑草,诱集越冬幼虫,早春集中烧毁。

(2)物理防治。利用黑光灯,糖醋液诱杀成虫。

(3)药剂防治。要抓住第1、2代幼虫孵化盛期。第1代在5月下旬至6月上旬;第2代在7月中、下旬。常用药剂有90%的敌百虫晶体1 000～1 500倍液,25%灭幼脲悬浮剂1 500倍液进行喷洒。成虫发生期和产卵盛期,喷洒50%敌敌畏乳油1 000倍液防治。

2)桃红颈天牛

【寄主与危害状】

危害梅花、桃花、清水樱、郁李等木本花卉。幼虫蛀入木质部危害,造成枝干中空,树势衰弱,叶片小而黄,甚至引起死亡。

【形态特征】(图47)

成虫:体长28～37 mm,宽8～10 mm。全体黑色,前胸背面棕红色,有光泽,或完全黑色。雌虫触角超过体长2节,雄虫触角超过体长4～5节。前胸两侧各有刺突1个,背面有瘤突4个。鞘翅表面光滑,基部较前胸宽,后端较窄。

卵:长圆形,乳白色,长 3～4 mm。

幼虫:初孵化时为乳白色,近老熟时稍带黄色。体长 50 mm 左右。前胸背板扁平方形,红色。

蛹:为离蛹,外无蛹壳包被,淡黄白色,长 36 mm 左右。

成虫　幼　蛹

图 47　桃红颈天牛

【发生规律】

在北京 2～3 年 1 代。以幼虫在树干蛀道内越冬。4～6 月,老熟幼虫黏结粪便、木屑,在树干蛀道中做茧化蛹。6～7 月,成虫羽化。晴天中午成虫多停留在树枝上不动。成虫外出后 2～3 d 交尾。卵多产在主干、主枝的树皮缝隙中。产卵时先将树皮咬一方形伤痕,然后把卵产在伤痕下。卵期 8 d 左右。幼虫孵化后,先在树皮下蛀食,第 2 年,虫体长到 30 mm 左右时,便蛀入木质部危害,蛀成弯曲孔道。蛀孔外堆有红褐色锯末状虫粪。

【防治方法】

(1)人工防治。利用成虫中午至下午 2～3 时静息于枝条上的习性,进行人工捕捉;发现方块形产卵伤痕,及时刮除虫卵;对钻在树皮下危害的幼虫,可将被害树皮拨开,杀死幼虫。

对钻入木质部的幼虫,可用棉花球蘸煤油剂塞入虫孔内,然后用泥封住虫孔。

135

（2）树干涂白。在树干和主枝上涂白剂,防止成虫产卵（涂白剂是用生石灰 10 份、硫磺 1 份、食盐 0.2 份、兽油 0.2 份、水 40 份配成）。

（3）化学防治。用杀螟硫磷乳油 200～300 倍液喷雾（杀成虫）;2.5％溴氰菊酯乳油 1 000～2 000 倍做成毒签插入蛀孔中,杀幼虫;用 52％磷化铝片剂进行单株熏蒸。

（4）生物防治。花绒坚甲、斑啄木鸟、蚂蚁、寄生蜂。

3）球坚蚧

【寄主与危害状】（图 48）

杏球坚蚧和朝鲜球坚蚧属同翅目蜡蚧科。杏球坚蚧主要危害杏,也危害桃、李等多种寄主植物。朝鲜球坚蚧又叫桃球坚蚧,主要危害桃、杏、李,还可危害苹果、梨、葡萄等。均以成虫和若虫附在枝条上,以刺吸式口器吸食汁液,只食不动,严重时全树枝干遍布蚧壳,初害枝条萎缩干枯,树势衰弱,甚至死亡。

【形态特征】（图 48、图 49）

（1）杏球坚蚧

成虫:雌成虫蚧壳半球形,直径 3～3.5 mm,为黄棕色,质变为黑栗色,有光泽。雄成虫体长 1.5 mm,赤褐色。有足及翅 1 对,腹末有性刺 1 根,两侧各有 1 白色蜡质长毛。蚧壳扁长圆形,白色。

卵:长卵形,初产白色,后变粉红。

若虫:椭圆形,粉红色,腹末具尾毛 2 条。

（2）朝鲜球坚蚧

成虫:雌成虫蚧壳半球形,直径约 4.5 mm,初为软质黄褐色,后变为红褐色,虫体近球形,后端直截。雄成虫体形与杏球坚蚧相似。蚧壳扁长圆形,末端有 2 个黄白色彩斑。

卵:长卵形,初产白色,后变粉红。

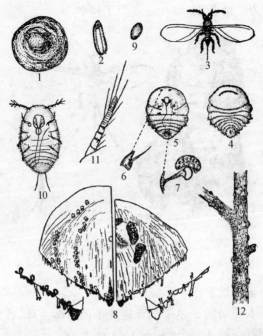

图 48　杏球坚蚧

1. 雌介壳　2. 雄介壳　3. 雄成虫　4. 雌虫背面　5. 雌虫腹面
6. 雌成虫触角　7. 雌虫前气门　8. 雌虫臀板及其边缘放大（左背面，
右腹面）　9. 卵（放大）　10. 若虫腹面　11. 若虫触角　12. 枝条受害状

若虫:椭圆形,淡粉红色,长0.5 m,腹末具尾毛2条。

【发生规律】

杏球坚蚧和朝鲜球坚蚧均一年1代,以2龄若虫在枝条腹面的裂缝、翘皮处越冬,越冬虫体上覆有白色蜡质物。春季桃树萌动后,从蜡质物下爬出。固定在枝条上吸食危害,并形成蚧壳。4月上、中旬雄虫羽化,与雌虫交尾后,不久死去。4月下旬至5月上旬雌虫产卵在腹下,5月中、下旬初孵若虫爬出母壳后,分散到枝条上危害,9~10月脱1

次皮变为 2 龄若虫,即在蜕皮壳下越冬。

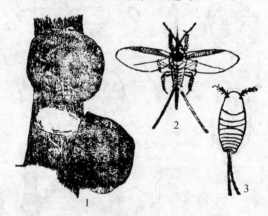

图 49　朝鲜球坚蚧
1. 雌成虫　2. 雄成虫　3. 若虫

【防治方法】

(1)农业防治。冬季刮除树皮上的越冬虫体,或喷黏土柴油乳剂(柴油 1 份、细黏土 1 份、水 2 份)。

(2)药剂防治。春季桃芽萌发前,喷 4～5 波美度石硫合剂或 5% 柴油乳剂,消灭越冬雌虫于产卵前或杀死越冬小幼虫;若虫孵化盛期,48% 乐斯本乳油 2 000 倍液、50%杀螟松乳油 1 000～1 500 倍液、80% 敌敌畏乳油1 500～2 000 倍液、52.5%农地乐乳油 2 500 倍液。

(3)生物防治。黑缘红瓢虫的成、幼虫都捕食球坚蚧壳虫,应加以保护和利用。特别在秋季设置瓢虫越冬场所,引诱越冬以利来年利用。

2. 桃、李、杏病害

1)桃细菌性穿孔病

桃细菌性穿孔病,除危害桃树,还危害杏、李、樱桃等果树。

【症状识别】(图 50)

主要危害叶片,也能侵害果实和枝梢。叶上初生水渍状小点,逐渐扩大成圆形或不规则形病斑,红褐色至黑褐色,直径 2 mm 左右。病斑周围呈水渍状,并有黄绿色晕圈。以后病斑干枯,病斑处均易脱落穿孔。

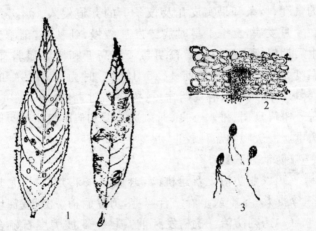

图 50　桃穿孔病症状及病原
1. 症状　2. 病叶部分及切片　3. 病原细菌

枝条受害后,有两种不同的病斑:一种是春季溃疡;另一种是夏季溃疡。

果实上的病斑为暗紫色,圆形,稍凹陷,边缘水渍状,潮湿时可溢出黄色溢浓,干燥时,病斑常发生裂缝。

【病原】(图 50)

细菌性穿孔病菌属细菌中的黄单胞杆菌属。菌体短杆状,两端圆,单极生 1~6 根鞭毛。有荚膜,无芽孢,革兰氏染色阴性,好气性。在肉汁洋菜培养基上菌落黄色,圆形。

病菌发育最适温度 24～28℃,最高 37℃,最低 3℃,致死温度 57℃(10 min)。在干燥条件下,病菌可存活 10～13 d,枝条溃疡组织内可存活 1 年以上。

【发病规律】

病菌主要在病枝梢上越冬,第 2 年春季桃树开花前后,病菌随桃树汁液从病部溢出,借风、雨或昆虫传播,由叶片的气孔、枝条和果实皮孔及枝条上的芽痕侵入。叶片一般在 5 月发病,夏季干旱时病势发展缓慢,到秋季,雨季又发生后期侵染。病菌的潜育期与气温高低和树势强弱有关,温度 25～26℃,潜育期 4～5 d;20℃ 时为 9 d;19℃ 时为 16 d。树势衰弱,潜育期缩短;树势强时,潜育期达 40 d 左右。树势衰弱、排水不良、通风透光差和偏施氮肥的果园发病重。一般晚熟品种较重,早熟品种较轻。

【防治方法】

(1)农业防治。新建桃园,避免与核果类果树,尤其是杏、李混栽;冬季或早春结合修剪,剪除病梢,烧毁或深埋。

(2)药剂防治。桃树发芽前,喷 4～5 波美度石硫合剂或用 45% 固体石硫合剂 140～200 倍液,或 1∶1∶120 的锌铜波尔多液喷洒;展叶后用 50% 甲霜铜可湿性粉剂 500～600 倍液,或 70% 代森锰锌可湿性粉剂 400～500 倍液喷洒。

2)桃褐斑病

桃褐斑穿孔病为桃树叶片穿孔常见病害,各地均有发生。为害桃、李、樱桃等核果类果树。

【症状识别】

主要为害叶片,也可为害新梢和果实。叶片染病,初生圆形或近圆形病斑,边缘紫色,略带环纹,大小 1～4 mm;后期病斑上长出灰褐色霉状物,中部干枯脱落,形成穿孔,穿孔的边缘整齐,穿孔多时叶片脱落。新梢、果实染病,症状与叶片相似。

【病原】

病原菌为核果尾孢霉,属半知菌亚门真菌。有性世代为樱桃球腔菌,属于囊菌亚门真菌。分生孢子梗浅榄褐色,具隔膜1~3个,有明显膝状屈曲,屈曲处膨大,向顶渐细。分生孢子橄榄色,倒棍棒形,有隔膜1~7个。子囊座球形或扁球形,生于落叶上;子囊壳浓褐色,球形,多生于组织中,具短嘴喙;子囊圆筒形或棍棒形,子囊孢子纺锤形。

【发病规律】

以菌丝体在病叶或枝梢病组织内越冬,翌春气温回升,降雨后产生分生孢子,借风雨传播,侵染叶片、新梢和果实。以后病部产生的分生孢子进行再侵染。病菌发育温限7~37℃,适温25~28℃。低温多雨利于病害发生和流行。

【防治方法】

(1)农业防治。桃园注意排水,增施有机肥,合理修剪,增强通透性。

(2)药剂防治。落花后,喷洒70%代森锰锌可湿性粉剂500倍液或70%甲基硫菌灵超微可湿性粉剂1 000倍液、75%百菌清可湿性粉剂700~800倍液。

3)桃缩叶病

【症状识别】(图51)

此病为害桃树幼嫩部分,主要为害叶片,严重时也为害花、嫩梢及幼果。春季嫩叶自芽鳞抽出即可被害,嫩叶叶缘卷曲,颜色变红。随叶片生长,皱缩、扭曲程度加剧,叶片增厚变脆,呈红褐色。春末、夏初叶面生出一层白色粉状物,即病菌的子囊层。后期病叶变褐、干枯脱落。新梢受害后肿胀、节间缩短、呈丛生状,淡绿色或黄色。病害严重时,使整枝枯死。幼果被害呈畸形,果面龟裂,易早期脱落。

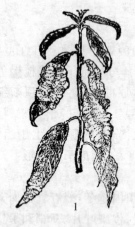

1   2

图 51　桃缩叶病
1. 症状　2. 病原(子囊层及子囊孢子)

【病原】(图 51)

桃缩叶病菌属子囊菌亚门半子囊菌纲外囊菌目外子囊菌属。子囊层裸生在角质层下,子囊圆筒形,上宽下窄,顶端平截,无色。子囊内含 8 个子囊孢子,子囊孢子无色,单胞,圆形或椭圆形,能在子囊内、外以芽殖方式产生芽孢子。芽孢子有薄壁和厚壁两种。厚壁芽孢子有休眠作用,能抵抗不良环境。

【发病规律】

病菌以子囊孢子和厚壁芽殖孢子,在芽的鳞片上或芽鳞缝隙内,以及枝干病皮中越冬和越夏。4 月初桃树萌芽时,越冬孢子萌发由气孔或表皮直接入侵,每年只侵染1 次。

桃缩叶病的发生和危害轻重与早春气候关系密切。病菌生长适温 20℃,最低 10℃,最高 26～30℃,侵染最适温度 10～16℃。早春桃芽萌发时,气温低(10～16℃)、持续时间长、湿度大有利病菌侵入,发病就重。反之,早春温暖干旱的地区发病轻。品种间早熟桃品种发病较重,中、晚熟品种发病较轻。

【防治方法】

(1)农业防治。轻病区在发病早期,病叶未产生白色子囊层之前,结合疏果剪除病叶,及时深埋,减少越冬菌源。重病熏果园,及时追肥和灌水,促使树势恢复,增强抗病力,以免影响当年和来年结果。

(2)药剂防治。早春桃芽膨大后,芽顶开始露红时,用4~5波美度的石硫合剂,或30%固体石硫合剂100倍液,或1:1:100的波尔多液喷洒。也可用其他药剂如:5万单位井冈霉素水剂500倍液、50%多菌灵可湿性粉剂600倍液、50%退菌特可湿性粉剂800倍液,70%代森锰锌可湿性粉剂400~500倍液等进行喷洒。杀死树上越冬孢子,消灭初次侵染源。

4)桃灰霉病

【症状识别】

灰霉病可为害花、幼果和成熟果。幼果上病斑初为暗绿色、凹陷,后引起全果发病,造成落果。成熟果实受侵染,果面出现褐色凹陷病斑,很快整个果实软腐,长出鼠灰色霉层,不久在病部长出黑色块状菌核。

【病原】

桃灰霉病菌为灰葡萄孢霉,属半知菌亚门丝孢纲的一种真菌。病部鼠灰色霉层即其分生孢子梗和分生孢子。分生孢子梗自寄主表皮、菌丝体或菌核长出,密集成丛;孢子梗细长分枝,浅灰色,顶端细胞膨大呈圆形,上面生出许多小梗,小梗上着生分生孢子,大量分生孢子聚集成葡萄穗状。分生孢子圆形或椭圆形,单胞、无色或淡灰色。菌核为黑色不规则形,1～2 mm。有性世代为富氏葡萄孢盘菌。

【发病规律】

灰霉病菌的菌核和分生孢子的抗逆力都很强,尤其是菌核是病菌主要的越冬器官。灰葡萄孢霉是一种寄主范围很广的兼性寄生菌,多种水果、蔬菜及花卉都发生灰霉病,因此,病害初侵染的来源非常广泛。初侵染发病后又长出大量新的分生孢子,很容易脱落,又靠气流传播进行多次的再侵染。

多雨潮湿和较凉的天气条件适宜灰霉病的发生。菌丝的发育以 20～24℃最适宜,因此,春季桃花期,不太高的气温又遇上连阴雨天,空气潮湿,最容易诱发灰霉病的流行,常造成大量花腐烂脱落;坐果后,果实逐渐膨大便很少发病。另一个易发病的阶段是果实成熟期,如天气潮湿亦易造成烂果,这与果实糖分、水分增高,抗性降低有关。

地势低注,枝梢徒长郁闭,杂草丛生,通风透光不良的果园,发病也较重。灰霉病菌是弱寄生菌,管理粗放,施肥不足,机械伤、虫伤多的果园发病也较重。

【防治方法】

(1)清洁果园。病残体上越冬的菌核是主要的初侵染源,因此,结合其他病害的防治,彻底清园和搞好越冬休眠期的防治。

(2)加强果园管理。控制速效氮肥的使用,防止枝梢徒长,抑制营养生长,对过旺的枝蔓进行适当修剪,或喷生长抑制素,搞好果园的通风透光,降低田间湿度等,有较好的控病效果。

(3)药剂防治。花前喷 1～2 次药剂预防,可使用 50％多菌灵可湿性粉剂 500 倍液或 70％甲基托布津可湿性粉剂 800 倍液等,有一定效果,但灰霉病菌对多种化学药剂的抗性较其他真菌都强。50％速克灵或50％农利灵可湿性粉剂1 500倍液喷雾,对灰霉病有很好的防治效果。

5)桃根癌病

果树细菌性根癌病,是多种果树苗木上一种重要的根部病害,各果区均有发生。除为害桃、梨、苹果等重要果树外,还能为害葡萄、李、杏、樱桃、花红、枣、木瓜、板栗、胡桃等。据文献记载,根癌病菌的寄主范围多达59科142属300余种。

【症状识别】

根癌病主要发生在根颈部,也发生于侧根和支根,嫁接处较为常见,北方在葡萄蔓上也有发生。根部被害形成癌瘤。癌瘤形状、大小、质地因寄主不同而异。一般木本寄主的瘤大而硬,木质化;草本寄主的瘤小而软,肉质。瘤的形状通常为球形或扁球形,也可互相愈合成不定型的。瘤的数目少的1～2个,多的达10多个不等。苗木受表现出的症状特点是,发育受阻,生长缓慢,植株矮小,严重时叶片黄化,早衰。成年果树受害,果实小,树龄缩短。

【病原】

病原为根癌土壤杆菌,属细菌,短杆状,单生或链生,具1～4根周生鞭毛,有荚膜,无芽孢。革兰氏染色阴性反应;在琼脂培养基上菌落白色、圆形、光亮、透明;在液体培养基上微呈云状浑浊,表面有一层薄膜。不能使兽胶液化,不能分解淀粉。发育最适温度为22℃,最高为34℃,最低为10℃,致死温度为51℃(10 min)。发育最适酸碱度为pH 7.3,耐酸碱范围为pH 5.7～9.2。

【发病规律】

细菌在癌瘤组织的皮层内越冬,或在癌瘤破裂脱皮时,进入土壤中越冬(在土壤中它能存活一年以上)。雨水和灌溉水是传病的主要媒介。此外,地下害虫如蛴螬、蝼蛄、线虫等在病害传播上也起一定的作用。其中苗木带菌是远距离传播的重要途径。

病菌通过伤口侵入寄主。嫁接、昆虫或人为因素造成的伤口,都能成为病菌侵入的途径。细菌侵入后之所以会形成癌瘤,从病菌侵入到显现病瘤所需的时间,一般由几周到一年以上。

适宜的温、湿度是根癌病菌进行侵染的主要条件。病菌侵染与发病随土壤湿度的增高而增加,反之则减轻。癌瘤形成与温度关系密切。根据番茄上接种试验,瘤的形成以 22℃时为最适合,18℃或 26℃时形成的瘤细小,在 28～30℃时瘤不易形成,30℃以上则几乎不能形成。土壤反应为碱性时有利于发病,酸性土壤对发病不利。在 pH 6.2～8 范围内均能保持病菌的致病力。

【防治方法】

(1)苗木检查和消毒。对用于嫁接的砧木在移栽时应进行根部检查,出圃苗木也要进行检查,发现病苗应予淘汰。凡调出苗木都应在未抽芽之前将嫁接口以下部位,用 1％硫酸铜液浸 5 min,再放入 2％石灰水中浸 1 min。

(2)加强栽培管理。改进嫁接方法;老果园,特别是曾经发生过根癌病的果园不能作为育苗基地;碱性土壤应适当施用酸性肥料或增施有机肥料如绿肥等,以改变土壤反应,使之不利于病菌生长。

(3)嫁接苗木采用芽接法。以避免伤口接触土壤,减少染病机会。嫁接工具使用前后须用 75％酒精消毒,以免人为传播。

(4)病瘤处理。在定植后的果树上发现病瘤时,先用快刀彻底切除癌瘤,然后用 100 倍硫酸铜溶液或 50 倍抗菌剂

402溶液消毒切口,再外涂波尔多液保护;也可用400万单位链霉素涂切口,外加凡士林保护,切下的病瘤应随即烧毁。病株周围的土壤可用抗菌剂402的2000倍液灌注消毒。

(5)防治地下害虫。地下害虫为害造成根部受伤,增加发病机会。因此,及时防治地下害虫可以减轻发病。

(6)生物防治。在根癌病多发区,定植时用放射土壤杆菌84号(K84)浸根后定植,对该病有预防效果。

6)杏疔病

杏疔病又称红肿病、叶枯病,在北方杏产区发生较普遍,严重时造成损失很大。

【症状识别】(图52)

杏疔病主要为害新梢、叶片,也为害花和果实。新梢染病后,整个新梢的枝、叶都发病;病梢生长较慢,节间短而粗,故其上叶片呈簇生状,表皮初为暗红色,后为黄绿色,其上生有黄褐色突起的小粒点,即病菌的性孢子器。病叶先从叶柄开始变黄,沿叶脉向叶片扩展,最后全叶变黄并增厚,质硬呈革质,比正常叶片厚4～5倍,病叶反、正面布满褐色小粒点(即病菌的性孢子器)。6、7月间病叶变成赤黄色,向下卷曲,遇雨或潮湿从性孢子器中涌出大量橘红色黏液,内含无数性孢子,干燥后常黏附在叶片上。病叶的叶柄基部肿胀,两个托叶上也生有小红点和橘红色黏液,叶柄短而呈黄色,无黏液。病叶到后期逐渐干枯,变成黑褐色,质脆易碎,畸形,叶背面散生小黑点(即病菌的子囊壳)。

【病原】(图52)

病原为杏疔座霉。属于子囊菌亚门。分生孢子器椭圆形或圆形,有时也有不规则形,器壁无色至淡黄色,不明显,与周围菌丝无明显区别。分生孢子无色,线状,单胞,弯曲。性孢子挤出时成卷须状,它不能萌发,无侵染作用。子囊壳近球形,壳壁无色至淡红色,有凸出的孔口。子囊棒状,内生8个子囊孢子,无色,单胞,椭圆形,子囊孢子在水中很易萌发,经2 h能长出芽管,不久即生出褐色的薄膜及附着器进行侵入。子囊孢子很容易丧失萌发力。

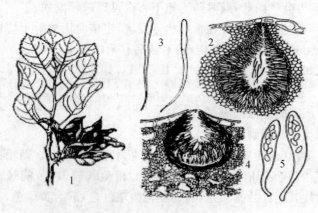

图52　杏疔病
1. 病叶　2. 分生孢子器　3. 分生孢子
4. 子囊壳　5. 子囊及子囊孢

【发病规律】

病菌以子囊壳在病叶内越冬。挂在树上的病叶是此病主要的初次侵染来源。春季,子囊孢子从子囊中放射出来,借风或气流传播到幼芽上,遇适宜条件,即很快萌发侵入。随幼枝及新叶的生长,菌丝在组织内蔓延,5月间呈现症状,到10月间病叶变黑,并在叶背面产生子囊壳越冬。

生长期病部产生的分生孢子不能萌发,无侵染作用。只有以子囊孢子在春季进行的初次侵染。

【防治方法】

(1)农业防治。应在秋、冬季结合修剪,剪除病枝、病叶,清除地面上的枯枝落叶,并立即烧毁。翌春症状出现时,应进行第2次清除病枝、病叶工作。

(2)药剂防治。如果不能全面清除病枝病叶时,可以杏树展叶时喷布1~2次1:1.5:200波尔多液,效果良好。

7)桃流胶病

流胶病是桃树以及杏、李等核果类果树的一种常见病害,各地均有发生。

【症状识别】(图53)

主要发生在枝干,尤其在主干和主枝杈处,果实及枝条也有发生。枝干发病时,树皮或树皮裂口处流出淡黄色柔软透明的树脂。树脂凝结,变为红褐色。病部稍肿胀,皮层

图53 桃树流胶病症状

和木质变褐腐朽,易被腐生菌加害。病株树势衰弱,叶色黄而细小。发病严重时,枝干枯死。

桃果发病时,由核内分泌黄色胶质溢出果面。病部硬化,有时破裂,不堪食用。

【发病规律】

此病是一种生理性病害。诱发病害的因素十分复杂,主要由碰伤、冻伤、虫伤、病害等形式的伤口引起。此外,果园管理粗放,排水不良,土壤过黏等都可引起流胶。一般春季发生最盛。北方桃树流胶多是霜、冻害及日灼、虫害等形成伤口的情况下发生的。

【防治方法】

（1）加强栽培管理，增强树势。如增施有机肥料，改善土壤理化性状，酸性土壤适当增施石灰或过磷酸钙；土质黏重的果园进行土壤改良，注意园内开沟排水，进行合理修剪等。

（2）及时防治枝干害虫，预防虫伤，减少创伤，避免冻伤和日灼。

（3）早春桃树发芽前将病部刮除，伤口涂 5 波美度石硫合剂，然后涂以白铅油或煤焦油保护。

（4）萌芽前喷 5 波美度石硫合剂，铲除枝干上寄生的病菌虫卵。生长期选用的药剂为 30％桃病清可湿性粉剂 10 倍液、50％桃仙超微可湿性粉剂 10 倍液分别在树体萌芽前、生长季节的雨前和雨后喷施。

（五）柿、枣、栗和核桃病虫害

1. 柿、枣、栗和核桃虫害

1）柿蒂虫

【寄主与危害状】（图 54）

柿蒂虫又叫柿实虫、柿实蛾、柿钻心虫。属鳞翅目举肢蛾科。各柿子产区均有发生，主要为害柿树。以幼虫蛀食柿果，多从柿蒂处蛀入，幼小柿果被害后由绿色变成灰褐色，后干枯不久脱落，后期被害的柿子，提早变黄变软脱落，柿蒂上的蛀孔处有虫粪。多雨高湿年份，造成柿子严重减产，是柿树上的重要害虫。

【形态特征】（图 54）

成虫：体长 5.5～7 mm，翅展 15～17 mm。头部黄褐色，有金属光泽，体及翅均呈紫褐色，唯胸部中央黄褐色。

触角丝状,柄节长、稍扁。前后翅均狭长,披针形,缘毛很长,前翅近顶端有一条由前缘斜向外缘的黄色带状纹。后足长,静止时向后上方举起。

卵:乳白色,后变淡粉红色。椭圆形。

幼虫:初孵幼虫头部褐色,胴部浅橙色。老熟时体长10 mm,头部黄褐色,体背面暗紫色。中、后胸背板有"X"形皱纹,并在中部有一横列毛瘤,各毛瘤上有一根白毛。

蛹:体长7 mm,褐色,外被污白色长茧。

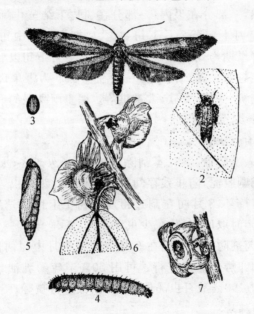

图54 柿蒂虫

1. 成虫 2. 成虫休止状 3. 卵
4. 幼虫 5. 蛹 6、7. 被害状

【发生规律】

一年发生2代,以老熟幼虫在柿树枝干老皮下或树根附近土缝中以及残留树上被害干果中结茧过冬。越冬幼虫4月中、下旬化蛹,5月上旬成虫开始出现,5月中旬最盛。初羽化成虫飞翔力很弱,趋光性弱。卵多产在果柄与果蒂之间。卵期5~7 d。每头雌虫产卵10~40粒。第1代幼虫5月下旬开始为害果。幼虫孵化后先吐丝将果柄、柿蒂连同身体缠住,不让柿果落地。然后将果柄吃成环状,从果柄皮下钻入果心,粪便排在果外。幼虫有转果为害习性。一个幼虫能连续为害幼果5~6个。6月下旬至7月上旬幼虫老熟,一部分在果内,一部分在树皮下结茧化蛹。第1代成虫,7月上旬至7月下旬羽化,盛期在7月中旬。第2代幼虫害果期为8月上旬到9月末,从8月下旬以后,幼虫陆续老熟越冬。第2代幼虫一般在柿蒂下为害果肉,被害果由绿变黄、变红、变软,大量烘落。遇多雨高湿的天气,幼虫转果较多,受害严重。

【防治方法】

(1)人工防治。冬、春刮除老树皮,消灭越冬幼虫。结合涂白或刷胶泥,防止残存幼虫化蛹和羽化为成虫。摘、拾虫果。绑草环,8月初在刮过粗皮的树干上束草诱集老熟幼虫,清园时取回烧掉,减少虫源。

(2)药剂防治。分别在5月中旬和7月中旬两代成虫盛发期和卵孵化盛期进行。可用50%辛硫磷乳油1 500~2 000倍液、90%敌百虫晶体1 000倍液进行喷雾。

2)柿绵蚧

【寄主与危害状】

柿绵蚧又叫柿绒蚧、柿毛毡蚧、柿粉蚧,俗称柿虱子。属同翅目绵蚧科。是柿树上常见的害虫,为害柿树的嫩枝、幼叶和果实。若虫和成虫喜群集在果实下部表面及柿蒂与果实相结合的缝隙处吸吮汁液,被害处初呈黄绿色小点,逐渐扩大成黑斑,果实提前脱落,降低产量和品质。

【形态特征】(图 55)

成虫:雌雄异形。雌成虫体长 1.5 mm,椭圆形,紫红色。无翅。体背有刺毛,腹部边缘有白色弯曲的细毛状蜡质分泌物,蚧壳灰白色,椭圆形,雄虫体长 1.2 mm,紫红色。翅无色半透明。腹末有一小性刺,两侧各有一长毛。蚧壳白色,近椭圆形。

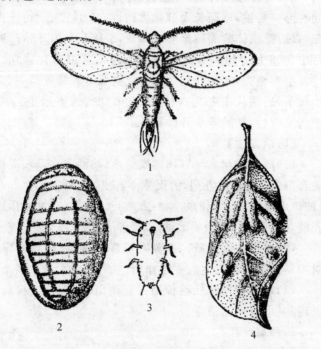

图 55　柿绵蚧

1. 雄成虫　2. 雌成虫　3. 若虫　4. 柿叶下的卵囊

卵:长 0.3～0.4 mm,紫红色,椭圆形,表面附有白色蜡粉及蜡丝。

若虫:越冬若虫体长 0.5 mm 左右,紫红色,体扁平,椭圆形,周身有短的刺状突起。

【发生规律】

在北京每年发生 4 代,以初龄若虫在二年生以上枝条皮层裂缝、树干粗皮缝隙及干柿蒂上越冬,翌年柿树展叶后至开花前,即 4 月中下旬,离开越冬场所爬到嫩芽、新梢、叶柄、叶背等处吸食汁液。以后在柿蒂和果实表面固着为害,同时形成蜡被,逐渐长大分化为两性。5 月中、下旬成虫交配,以后雌虫体背面逐渐形成卵囊,6 月上中旬开始产卵,7 月中旬、8 月中旬和 9 月中下旬为各代若虫孵化盛期。各代发生不整齐,互相交错。前两代主要为害柿叶及一、二年生枝条,后两代主要为害柿果,以第 3 代为害最重。10 月中旬采收后,初龄若虫开始越冬。

【防治方法】

(1)药剂防治。早春柿树发芽前,喷洒 1 次 5 波美度石硫合剂或 5%柴油乳剂,消灭越冬若虫。4 月上旬至 5 月初(柿树展叶后至开花前),越冬虫离开越冬部位,又未形成蜡壳前,喷洒 50%敌敌畏乳油1 000倍液。

(2)保护利用天敌。主要有黑缘红瓢虫、红点唇瓢虫,对控制柿绵蚧的发生有一定作用。

(3)加强检疫。杜绝传播。对调出调入苗木、接穗,如发现此虫,应熏蒸消毒。

3)柿斑叶蝉

【寄主与危害状】

柿斑叶蝉又叫柿小叶蝉、血斑叶蝉。属同翅目小叶蝉科。河北、河南、山西、陕西等省发生普遍,为害较重。主要为害柿树,以成虫及若虫刺吸柿叶,叶片呈苍白色小斑点。被害严重的柿叶,全叶苍白色,叶片早落,柿树生长衰弱,影响产量。

【形态特征】(图 56)

成虫:体长 3 mm,翅灰白色,前翅有橘红色弯曲斜纹 3 条,翅面散生若干红褐色小点。

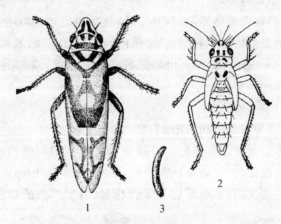

图 56　柿斑叶蝉

1. 成虫　2. 若虫　3. 卵

卵:乳白色,长椭圆形。

若虫:体色黄白,体上有红黄色斑纹,并生有长毛。

【发生规律】

在北京一年发生 3 代,以卵在当年生新梢上越冬,翌年 4 月下旬开始孵化,5 月下旬长成成虫,6 月中旬孵化第 1 代若虫,7 月上旬出现第一代成虫,9 月中旬出现第 2 代成虫,然后产卵越冬,产越冬卵时,产卵管插入新梢木质部,卵产在其中,形成一个长形卵穴,外面附有白色绒毛。第 1 代成虫也在当年生新梢上做成卵穴产卵,若虫及成虫均在叶背栖息,喜在叶脉两侧吸食汁液为害,叶片正面呈现苍白色小斑点,严重时叶片早期脱落。成虫与若虫极活泼,横行善跳,成虫受惊扰立即飞逃。

【防治方法】

(1)农业防治。清明前及时剪除有越冬卵的枝梢,集中烧毁,消灭越冬卵。

(2)在若虫盛发期,喷施80%敌敌畏乳油1 000倍液或10%吡虫啉可湿性粉剂2 000倍液,或2.5%三氟氯氰菊酯乳油3 000倍液,或20%叶蝉散乳油500倍液,或25%仲丁威乳油500倍液。

4)枣尺蠖

【寄主与危害状】(图57)

枣尺蠖又名枣步曲。以幼虫为害枣、苹果、梨的嫩芽、嫩叶及花蕾,初孵幼虫食害嫩芽,展叶后,暴食叶片,吃成大小不一的缺刻,枣现蕾后又转食花蕾,发生严重的年份,可

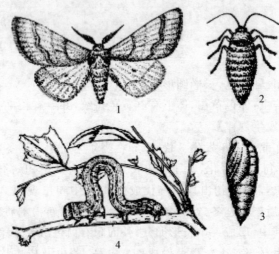

图57 枣尺蠖

1. 雄成虫 2. 雌成虫 3. 蛹 4. 幼虫

将枣芽、枣叶及花蕾吃光，不但造成当年绝产，而且影响翌年坐果。

【形态特征】(图57)

成虫：雌蛾体长12～17 mm，灰褐色，无翅；腹部背面密被刺毛和毛鳞；触角丝状，喙(口器)退化，各足上有5个白环。雄蛾体长10～15 mm；前翅灰褐色，翅上有3条横线，内横线、外横线黑色且清晰，中横线不太明显，中室端有黑纹，外横线中部折成角状；后翅灰色，中部有1条黑色波状横线，内侧有1黑点。

卵：椭圆形，有光泽，常数十粒或数百粒聚集成一块。初产时淡绿色，逐渐变为淡黄褐色，接近孵化时呈暗黑色。

幼虫：1龄幼虫黑色，有5条白色横环纹；2龄幼虫绿色，有7条白色纵条纹；3龄幼虫灰绿色，有13条白色纵条纹；4龄幼虫有13条黄色与灰白色相间的纵条纹；5龄幼虫(老龄幼虫)灰褐色或青灰色，有25条灰白色纵条纹。胸足3对，腹足2对，弓背而行。

蛹：枣红色，体长约15 mm。

【发生规律】

枣尺蠖1年发生1代，以蛹分散在树冠下13～20 cm的土壤中越冬，近树干基部越冬蛹较多。翌年3月中旬至5月上旬为成虫羽化期，盛期在3月下旬至4月中旬。雄虫多在下午羽化，羽化后，即爬到树上，多在主枝的背阴面。雌虫羽化出土后，于傍晚和夜间上树，并交尾产卵，雌蛾交尾后3 d内大量产卵，每雌产卵量1 000～1 200粒，卵多产在枝杈粗皮裂缝、嫩芽处，卵期10～25 d。4月中旬枣芽萌发时开始孵化，4月下旬为孵化盛期。5月下旬至6月中旬，幼虫陆续老熟入土化蛹。幼虫期共5龄，受震后有吐丝下垂的习性，借风力向四周蔓延，幼虫3龄后，食量猛增。

【防治方法】

(1)人工防治。秋、冬季和早春成虫羽化前,在树干周围 1 m 范围内、深 3～10 cm 处结合翻树盘或枣园深翻,挖出越冬蛹后将其灭除,以降低越冬基数。

(2)树干绑塑料薄膜裙。3 月中、下旬,在树干距地面 20～60 cm 处,刮树皮涂药环,或绑 15 cm 宽塑料薄膜裙,以阻止雌蛾上树,每天组织人力树下捉蛾并杀之。

(3)药剂防治。在枣萌芽期(4 月下旬至 5 月上旬)在树上喷药。2.5%敌杀死乳油或 20%灭扫利乳油或 10%氯氰菊酯乳油 2 000～4 000 倍液,10%天王星乳油10 000～15 000 倍液,50%辛硫磷乳剂、40%水胺硫磷乳油 800～1 000 倍液喷雾。

5)栗实象甲

【寄主与危害状】

栗实象鼻简称栗实象,属鞘翅目象甲科。是危害栗实最严重的害虫,在我国各主要板栗产区常猖獗发生。为害栗、栎、榛子等。主要危害栗实,我国栗产区每年有 20%～40%的栗实被害,严重地区可达 90%以上,使被害栗实失去食用价值或发芽能力,并引起发霉腐烂,不便贮运,成为板栗生产中的巨大灾害。

【形态特征】(图 58)

成虫:体长 5～9 mm,宽 2.6～3.7 mm,头管细长、前端向下弯曲;触角肘状、11 节,生于头管两侧;全体密被黑色绒毛,前胸两侧具白色毛斑,两翅鞘各有 11 条纵纹;雌雄成虫异形。

卵:长约 0.8 mm,椭圆形,具短柄,初期白色透明,后期变为乳白色。

幼虫:乳白色,体长 8～12 mm,头部黄褐色或红褐色,口器黑褐色,身体多横皱褶,略弯曲,疏生短毛。

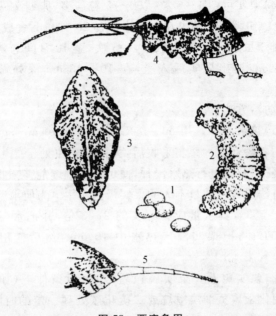

图 58 栗实象甲
1.卵 2.幼虫 3.蛹 4.雌成虫 5.产卵器

蛹:体长 7~11.5 mm,初期为乳白色,以后逐渐变为黑色,羽化前呈灰黑色。喙管伸向腹部下方。

【发生规律】

2 年发生 1 代。以幼虫脱果入土做土室越冬,翌年土中滞留 1 年,第 3 年 6~7 月间在土内化蛹,蛹期约半个月。成虫出现期延续较长,7 月上旬可见到成虫,7 月下旬至 8 月上旬为羽化盛期。成虫羽化后在土室中静伏潜居 7~15 d 不等。如此时遇雨土松,3 d 左右集中出土。成虫有假死性。

成虫出土咬食栗棚、新梢或花序,但不会造成严重危害。8月下旬以头管在幼果上啮一小孔,然后产卵于嫩栗实内,每栗实可产1～5粒,以1～2粒居多,卵期7～15 d。9月上中旬孵化。幼虫在栗实内串食20～30 d,食成虫道,虫粪排于虫道内。其间蜕皮4～5次,至10月间老熟幼虫咬破栗壳,爬出果实后入土,在10～15 cm深处做土室越冬。

【防治方法】

(1)热水浸种。用50～55℃热水浸种10 min,可杀死栗实中各龄幼虫。栗实采收后,大部分幼虫处于2～4龄,取食轻微,及时进行热水浸种,便可制止继续危害。此法对于剪苞法脱粒及数量不大的栗实极为实用。为使水温维持在50～55℃,其水量应为栗实的2～3倍,并把水温调在60～65℃,再把栗实浸入热水中10 min,然后捞出晾干即可。

(2)栗实熏蒸。栗实脱粒后,在密封条件下(如熏蒸室),用化学熏蒸剂溴甲烷或二硫化碳处理一定的时间,能彻底杀死栗实内的害虫,这对大量出口的栗实尤为必要。溴甲烷1 m³空间用量2.5～3.5 g,熏蒸24～48 h;二硫化碳1 m³空间用量30 mL,熏蒸20 h,杀虫率均达100%,并且对种子发芽力无不良影响。

(3)药剂防治。在成虫发生期,喷40%辛硫磷乳油1 500倍液,或90%晶体敌百虫1 000倍液,或5%抑太保乳油1 000～2 000倍液,隔7 d再喷1次,杀灭效果都很好。

6)核桃举肢蛾

【寄主与危害状】(图54)

核桃举肢蛾又叫核桃黑。属鳞翅目举肢蛾科。国内分布普遍,陕西核桃产区为害严重。以幼虫在果内纵横取食,早期被害果皱缩变黑、脱落,后期被害果核发育不良,果面凹陷变黑,味苦,出油率低。

【形态特征】(图 59)

成虫:体长 5～8 mm,翅展 12～14 mm,全体黑褐色,有光泽。翅狭长,翅缘毛长于翅的宽度,前翅基部 1/3 处有椭圆形白斑,2/3 处有月牙形或近三角形白斑。腹背有黑白相间的鳞毛。后足特大,休息时向侧后上举,故称"举肢蛾"。

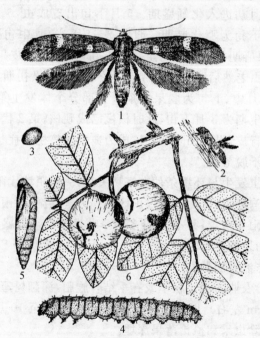

图 59　核桃举肢蛾

1. 成虫　2. 成虫休止状　3. 卵　4. 幼虫　5. 蛹　6. 被害状

卵:长圆形,初为乳白色,孵化前呈红褐色。

幼虫:老熟时体长 7～9 mm,头部暗褐色,身体淡黄色,体背半透明,体侧有白色刚毛。

蛹:长4～7 mm,纺锤形,黄褐色蛹外有褐色茧,常黏附草屑及细土粒。

【发生规律】

一年发生1代,陕南部分个体发生2代。以老熟幼虫结茧在树下土表1.5～3 cm深土层内越冬,也可在杂草、瓦块、石缝或草堆下越冬;陕南5月中旬开始化蛹,蛹期15～20 d,6月初进入化蛹盛期。5月下旬出现成虫,6月中旬到7月下旬为羽化盛期。卵期3～5 d。6月中旬开始蛀果,蛀果盛期在6月下旬至7月上旬,使大量青皮果脱落。果内幼虫老熟后脱果入土结茧越冬,幼虫脱果初期在6月下旬;7月中、下旬为脱果盛期。少部分个体发生第2代,幼虫发生期为8月下旬,此时核桃已成硬核,第2代幼虫只能为害青皮,果面凹陷、变黑,成为典型的核桃黑症状,被害果一般不脱落。

该虫发生与环境条件有密切关系,一般阴坡比阳坡重,沟里比沟外重,深山区比浅山区重。天气潮湿、多雨年份比干旱少雨年份重,5～6月份多雨季节发生严重。盛果期受害重,初果期受害轻。

【防治方法】

(1)农业防治。秋季或春季结合施肥,深翻树冠下的土壤(15 cm左右),以消灭越冬幼虫。6月下旬至10月上旬,及时摘除虫果和捡拾落果深埋。

(2)药剂防治。幼虫发生期喷50%杀螟松乳油、辛硫磷、溴氰菊酯等1 000～2 000倍液。成虫羽化前,可在树冠周围撒25%西维因粉剂或25%敌百虫粉剂,每亩用量2～3 kg。撒药后随即中耕,使药混入土中或用25%辛硫磷微胶囊每亩0.5 kg兑水喷洒。

2. 柿、枣、栗和核桃病害

1)柿角斑病

柿角斑病是柿树上常见的病害,几乎所有栽培柿树的地区都有发生,发病严重时,早期落叶落果,影响产量和质量,还削弱树势,并诱发柿疯病。

【症状识别】(图60)

仅危害柿树的叶子及柿蒂,不危害枝条、树干和果实。叶片受害初期,叶面上出现不规则形黄绿色病斑。斑内叶脉变黑色,以后病斑渐变浅黑色,此时病斑即不再扩展。由于受叶脉限制,病斑呈多角形,大小2~8 mm。周围有黑边,病斑上有密集的绒状黑色小粒点,即病菌的分生孢子丛。柿蒂上病斑多在蒂部四角,无一定形状,褐色至深褐色,有黑色边缘或无明显边缘,病斑大小不定,由柿蒂的尖端向内扩展,病斑的两面均可产生黑色绒状小粒点,以下面较为明显,果实往往早落,病蒂残留树上。

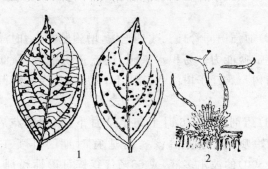

图60　柿角斑病

1.症状　2.分生孢子梗及分生

【病原】(图60)

柿角斑病菌属半知菌亚门丝孢纲丝孢目尾孢属。病斑上的黑色绒毛状小粒点,是病菌的子座。子座半球形或扁球形,暗绿色。子座上丛生分生孢子梗,分生孢子梗不分枝,短杆状,直立或稍弯曲,无隔,褐色,上面着生一个分生孢子。分生孢子棍棒状,直或稍弯曲,上端较细,无色,有隔。

【发病规律】

柿角斑病菌以菌丝体在柿蒂及病叶中越冬。病蒂残存树上2~3年,病菌在病蒂内能存活3年以上,所以残留树上的病蒂是主要的侵染来源。翌年6~7月,温湿度适宜时产生分生孢子进行初侵染。分生孢子经风、雨传播,萌发成芽管后由叶背气孔侵入,潜育期25~38 d。直至9月越冬病残体内的菌丝,仍可产生分生孢子进行侵染。新病斑出现后,不断产生新的分生孢子进行再侵染。一般8月初开始发病,9月可造成大量落叶、落果。

【防治方法】

(1)人工防治。冬季清除落叶,摘掉柿蒂,减少越冬菌源。

(2)加强田间管理。改良土壤,增施肥料,适时灌水,增强树体抗病能力。易积水果园,注意开沟排水,降低湿度。避免柿树与君迁子树混栽。君迁子蒂多,易潜伏病菌,传染给柿。

(3)药剂防治。6月下旬至7月下旬,即落花后20~30 d开始喷药,为防治该病的适宜时期。可喷1:5:(400~600)的波尔多液,或65%代森锌可湿性粉剂500倍液1~2次。也可选喷50%甲基托布津可湿性粉剂、25%多菌灵可湿性粉剂、70%代森锰锌可湿性粉剂600~800倍液,连喷2次,间隔20~30 d。

2)柿圆斑病

柿圆斑病在华北、西北山区发生比较普遍,陕西分布广泛。也是柿树的重要病害。为害叶子和柿蒂,造成提早落叶和落果。由于早期落叶,削弱树势,也能诱发柿疯病。

【症状识别】(图 61)

发病初期,叶上出现大量浅褐色圆形小斑,边缘不明显,渐扩大成深褐色,边缘黑褐色,直径 2～3 mm。病叶渐变红色,随后病斑周围出现黄绿色晕环,外层还有一层黄色晕环,发病后期病斑背面出现黑色小粒点。叶上病斑很多,一片叶上多者可达数百个,少的也有 100～200 个。发病严重时,从出现病斑到叶片变红脱落,最快只要 5～7 d。

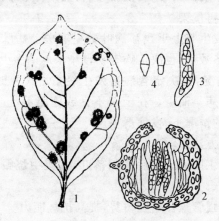

图 61　柿圆斑病
1. 病叶　2. 子囊果　3. 子囊　4. 子囊孢子

【病原】

柿圆斑病菌属于子囊菌亚门腔菌纲座囊菌目球腔菌属。自然条件下不产生无性阶段。病斑背面的小黑点,是病菌的子囊果。初期埋生叶表皮下,以后顶端突破表皮。子囊果球形或洋梨形,黑褐色。顶端有小孔口。子囊果底部着生子囊,子囊无色,圆筒形,内生 8 个子囊孢子,子囊孢于在子囊内排成两行。子囊孢子无色,双胞,纺锤形,成熟时上胞稍宽,分隔处缢缩。

【发病规律】

晚秋病菌在病叶中形成子囊壳越冬,第2年子囊壳成熟后,子囊孢子6月中旬至7月上旬大量飞散,借风、雨传播,由叶片气孔侵入;潜育期一般为2个月之久,8月下旬至9月上旬开始出现病斑。9月底病害发展最快,叶上出现大量病斑。10月上、中旬开始大量落叶,10月中旬以后逐渐停止发展。由于圆斑病菌在自然条件下不产生无性世代,所以无再侵染。

病害发生与上年残存病叶数量有关。病叶的多少,决定病菌越冬数量,也决定病害初侵染来源的多少。当年6~8月降雨情况,也决定着病害发生轻重。这一时期雨量偏多,当年发病早而重。在土壤不良或施肥不足,土壤贫瘠,树势衰弱的情况下,发病严重。

【防治方法】

(1)人工防治。秋后清扫落叶,并集中烧毁,减少越冬菌源。

(2)加强管理。增强树势,提高抗病能力。

(3)药剂防治。6月上、中旬柿树落花后,大量子囊孢子飞散之前喷1次药,可保护叶片不受侵染。重病区半月后再喷1~2次,效果更好。可喷1：5：(400~600)的波尔多液或65%代森锌可湿性粉剂500倍液。

3)柿炭疽病

柿炭疽病只为害柿树,侵害果实及枝梢,叶上发生较少,造成枝条折断枯死,果实大量变软,提早脱落。

【症状识别】(图62)

发病初期,果面上出现针头大小深褐色至黑褐色小斑点,后扩大成近圆形凹陷深色病斑,中部密生略显环纹排列的灰色至黑色小粒点,即病菌的分生孢子盘。空气潮湿时,分生孢子盘涌出粉红色黏质分生孢子团。病菌侵入皮层后,果内形成黑色硬结块。一个病果有 1～2 个病斑,病果容易提早脱落。新梢染病,最初发生黑色小圆斑,后扩大成长椭圆形病斑褐色,中部凹陷纵裂,并产生黑色小粒点,潮湿时也能涌出粉红色黏质物。病斑长 10～20 mm,斑下木质腐朽,易从病部折断,病重时,病斑以上的枝条枯死,叶上发病时,多在叶脉、叶柄上发生。初黄褐色,后变黑色,病斑长条形或不规则形。叶片很少发生,如发病,病斑为不规则形。

167

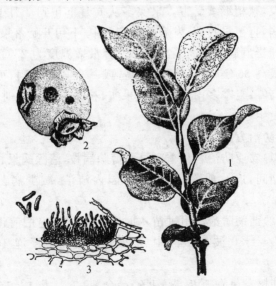

图 62 柿炭疽病

1. 病梢 2. 病果 3. 分生孢子盘和分生孢子

【病原】(图 62)

柿炭疽病菌属于半知菌亚门腔孢纲黑盘孢目盘圆孢

属,病斑上出现的黑色小颗粒是病菌的分生孢子盘,盘上聚生分生孢子梗。分生孢子梗无色,有 1 至数个分隔,不分枝,顶端着生分生孢子。分生孢子圆筒形或长椭圆形,无色、单胞。

【发病规律】

柿炭疽病菌以菌丝体在枝梢病斑中越冬,也可在病果、叶痕及冬芽中越冬。第 2 年晚春、初夏,形成分生孢盘和分生孢子,经风、雨、昆虫传播到新梢及幼果上,进行初侵染。病菌从伤口或表皮直接侵入,由伤口侵入潜育期 3～6 d,由表皮侵入潜育期 6～10 d,一般枝梢 6 月上旬开始发病,雨季盛发,秋梢继续受害。果实多从 6 月下旬到 7 月上旬开始发病,直至采收期,发病重的 7 月中、下旬开始落果。

柿炭疽病菌喜高温高湿。发育最适温度为 25℃,最低9℃,最高 36℃。雨后气温升高,或一直高温多雨,可出现发病高峰;夏季多雨年份以及果实、枝条上有伤口时,有利病害发生。

【防治方法】

(1)农业防治。秋季和早春剪除病枝,清除病果、落果。生长期间,连续剪除病枝,保持园内清洁,减少病菌传染来源。

(2)药剂防治。引进苗木时,除去病苗,定植前将苗木在 1∶4∶80 波尔多液中或 20% 石灰乳中浸泡 10 min消毒。

柿树发芽前,喷 5 波美度石硫合剂。6 月上、中旬至 7 月初,喷 1∶5∶400 波尔多液 1～2 次。7 月中旬喷 1 次 1∶3∶300 波尔多液。8 月中旬至 10 月中旬,喷 1∶3∶300 波尔多液,每隔半月 1 次。也可喷 65% 代森锌可湿性粉剂 500～600倍液,或 65% 福美铁可湿性粉剂 300～500 倍液。

4）枣疯病

【症状识别】（图63）

枣树的幼树和老树均能发病,病树主要表现为丛枝、花叶和花变叶三种症状。丛枝病树根部和枝条上的不定芽、腋芽和隐芽大量萌发成发育枝,枝上芽又萌发成小枝,如此逐级生枝形成一丛丛的短疯枝。病枝节间缩短,变细,叶片变小,色泽变淡。

图63 枣疯病

1. 有病的幼枝　2. 病果　3. 病花(花变叶)

花叶:病株新梢顶端的叶片呈黄绿相间的斑驳,有时出现叶脉透明、叶缘上卷,质地变脆。这种病变多出现在花后,严重时落叶。

花变叶:病株的花退化为营养器官,花梗伸长,比健花长出 4～5 倍,并有小分枝,萼片、花瓣、雄蕊均可变为小叶,有时雌蕊变成小枝,结果枝变成细小密集的丛生枝。

病树的健壮枝虽可结果,但果型小,呈花脸状,果内糖分降低,内部组织松软,不堪食用。

【病原】

据近年研究,枣疯病的病原是一种类菌质体。

【发病规律】

枣疯病通过嫁接和传毒昆虫传播。潜育期最短 25～31 d,最长达 382 d,先在新发出的芽上呈现症状。另外,从病株上分根长成的小树也自然带病。传毒昆虫是中国拟菱纹叶蝉,寄生在枣树及酸枣树上。一年发生 4 代,以卵在寄主树的 1～2 年生枝条上越冬。越冬卵孵化及第 1 代若虫和成虫发生整齐而集中,多活动在新疯枝叶间,第 1 代成虫传播枣疯病。

病树为全株带毒,但局部表现病状。一般先是 1 个或几个大枝或根蘖发病。个别枝条发病时,多是接近主干的当年生枝条发病,然后扩展到全株。

一般在贫瘠山地,管理粗放,肥水条件差,病虫害严重造成树势衰弱的枣园发病较重,反之较轻。嫁接苗 3～4 年后发病重,根蘖苗进入结果后发病重。品种间抗病力也有差异,如乐陵小枣、圆铃枣等最易感病,发病后 1～3 年内即整株死亡,长虹枣发病后可维持 5 年左右。

【防治方法】

(1)培养无病苗木。在无病区建立无病苗圃基地,满足生产需要。

(2)人工防治。彻底刨除疯株、疯蘖,消灭病源。

(3)农业防治。加强栽培管理,增施肥料,提高树体抗病能力。

(4)药剂防治。定期喷药灭虫,消灭传毒媒介。一般每年喷药4次;第1次在4月下旬(枣树发芽时),用50%辛硫磷乳油1 000倍液,防治中国拟菱纹叶蝉孵化越冬卵及枣尺蠖幼虫;第2次在5月中旬(开花前),用10%氯氰菊酯乳油3 000～4 000倍液,防治中国拟菱纹叶蝉第1代若虫和其他害虫;第3次在6月下旬(枣盛花期后),用80%敌敌畏乳油1 500～2 000倍液防治中国拟菱纹叶蝉第1代成虫及其他害虫;第4次在7月中旬用20%速灭杀丁乳油3 000倍液,防治中国拟菱纹叶蝉等害虫。

5)栗干枯病

又称栗树腐烂病、栗疫病。是栗树的主要病害。我国各主要板栗产区均有发生,部分产区受害严重。被害栗树树皮腐烂,削弱树势,重则造成死枝死树。

【症状识别】

栗干枯病危害树干、主枝和小枝。发病初期,树皮上出现红褐色近长形病斑,病组织松软,稍隆起,有时流出黄褐色汁液。刮破病树皮,可见病组织溃烂,呈红褐色水渍状,有很浓的酒糟气味。随着病情的发展,病部逐渐失水、干缩,外观呈灰白色至青灰色,并在病皮下产生疣状黑色小粒点,即病菌的子座。以后子座突破表皮,病斑环切枝干一周后上部枝条枯死。

【病原】

病原菌属子囊菌亚门栗寄生内座壳属真菌。无性阶段产生小穴壳菌属型子实体。病菌的有性阶段在国内较少见。子座生于皮层内,后突出呈扁圆形泡状。子囊壳产生在子座底部,暗黑色,烧瓶形,一个子座内有数个至数十个子囊壳,分别在子座顶端开口。子囊披针形或棍棒形,内含8个子囊孢子。子囊孢子椭圆形或卵形,无色,成熟时有一横隔,分隔处缢缩。无性阶段的子座生于皮层内,圆锥形,内生数个牛胃状的分生孢子器,器壁上密生一层分生孢子梗。分生孢子梗无色,单生,少数有分枝,其上着生分生孢子。分生孢子无色,卵形或圆筒形。

【发病规律】

此病菌为弱寄生,大多数从伤口(如嫁接口、机械损伤、昆虫为害处等)侵入,以菌丝及分生孢子器在病斑中越冬。翌年春季随气温的升高,病菌逐渐活动。江淮地区一般在3月份开始发病,4～5月份产生橙黄色或橙红色的无性子实体——分子孢子器;6月以后,温度、湿度适宜病菌繁殖,孢子器开裂并大量溢出孢子,由昆虫、鸟类、雨水等媒体传播。10月份以后,随着气温下降,病害发展转为缓慢。10月下旬产生有性世代囊孢子,至翌年春又由风、雨、昆虫传播至健康植株。

病菌的侵入和扩展与品种、立地条件、营养水平、树势、温度、湿度和栽培密度等密切相关。嫁接树的接口易发病;实生树尚未见有发病单株。土层深厚、土壤有机质含量高、树势强壮时很少发病;土层浅薄、单纯施氮肥、树势衰弱时,发病较重。遭日灼、冻害的易发病。绝对温度越高和绝对温度越低,发病率越高。降水多,发病多;降水少,发病相对少。密植园发病高于稀植园。

【防治方法】

(1)及时刮治。对溃烂的病斑及时刮除,以防止病斑扩大。对刮后的病疤涂40%腐烂敌30～50倍液或843康复剂原液。

(2)栽培抗病品种。选用适合当地栽培的丰产、抗病良种进行栽植。

(3)加强栽培管理。建园时加大加深定植坑,填以熟土农家肥,促进根系生长。土质瘠薄的栗园,应逐年深翻改土,增施农家肥和翻压绿肥。山坡地栗园要搞好水土保持。促进根系发育,增强树势和抗病能力。

(4)清除病源。及时剪除病死枝,带出园外烧毁,防止病菌在园内飞散传播。

(5)树干培土。主干近地面发病较多的幼树园。在刮除病斑的基础上,于晚秋对树干进行培土,翌年4～5月份解冻后及时将土扒开,可减少发病。

(6)树干涂白。晚秋对树干进行涂白,防止日灼,对减少发病有一定作用。

(7)保护接口。对高接换种的接口,应敷以混少量腐烂敌或843康复剂的药泥,外包塑料薄膜,防止接口水分散失和病菌感染,促进伤口愈合。

(8)减少树体伤口。及时防治蛀干性害虫,减少机械伤和不必要的剪锯口伤,以免被病菌感染。

6)核桃黑斑病

核桃黑斑病又叫核桃细菌性黑斑病、黑腐病。我国各核桃产区均有分布。常和核桃举肢蛾一起造成核桃幼果腐烂,引起落果。

【症状识别】(图64)

核桃黑斑病主要为害果实,其次为害叶片、嫩梢及枝条,也可为害雄花。

幼果受害,果面发生褐色小斑点,无明显边缘,逐渐扩大成近圆形或不规则形的漆黑色病斑。病斑中央下陷,并深入果肉,使整个果实连同核仁变黑,腐烂脱落。

叶上病斑起初为褐色小斑点,逐渐扩大,因受叶脉限制成多角形或方形病斑。大小3～5 mm,褐色或黑色,背面呈油渍状,发亮。在雨天,病斑四周呈水渍状,后期病斑中央呈灰色或穿孔。严重时病斑互相连接成片,整个叶片变黑发脆,风吹后病叶残缺不全。

叶柄、嫩梢及枝条上的病斑呈长梭形或不规则形,黑色,稍下陷。严重时病斑环绕枝条一圈,枝条枯死。

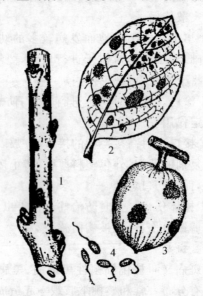

图 64 核桃黑斑病
1. 病枝 2. 病叶 3. 病果 4. 病原细菌

花序受侵染后,产生黑褐色水渍状病斑,湿度大时,病果、病枝流出白色黏液,即细菌溢脓,为识别本病最主要的特征。

【病原】(图 64)

核桃黑斑病菌属细菌中的黄单胞杆菌属,菌体短杆状,极生单鞭毛,格兰氏染色阴性。牛肉汁葡萄糖琼脂培养基斜面划线培养,菌落生长旺盛,凸起,光滑,有光泽,不透明。浅柠檬黄色,有黏性。生长适温为 29～32℃,致死温度

53～55℃(10 min),pH 6～8 最宜。

【发病规律】

病菌潜伏病枝及芽内越冬,在病苗梢部病组织内也可越冬,第 2 年春借雨、风、昆虫等传播到果实或叶片上进行初侵染。病菌还能侵染花粉,因此病原细菌也可随花粉传播,由伤口或气孔侵入,在组织幼嫩、气孔开张、表面潮湿时,对细菌侵入幼果极为有利。病菌的潜育期一般为 10～15 d。

【防治方法】

(1)选育抗病品种。选育抗病品种是防治该病的主要途径之一。选优时要把抗病性作为主要标准之一。

(2)加强栽培管理。加强苗期防治,尽量减少病菌,新发展的核桃栽培区,禁止病苗定植,以免受害扩展蔓延。增施有机肥料,促使树体健壮,提高抗病力。清除病果病枝、病叶,减少越冬菌源。

(3)药剂防治。核桃发芽前,喷 3～5 波美度石硫合剂,兼治其他病虫害。发病前或发病初期喷 1:(1～2):200 波尔多液,每隔 15～20 d 喷 1 次。还可喷 50% 或 70% 托布津可湿性粉剂 1 000～1 500 倍液,或 0.4% 草酸铜液,效果很好。用 50% 退菌特可湿性粉剂 800 倍液亦可。

三、北京都市农业果品周年防治历

(一)苹果病虫害周年防治历

• 1~3 月(休眠期)

主要病害:轮纹病、腐烂病等枝干病害。

主要虫害:蚜虫、螨虫、蚧壳虫等越冬害虫。

刮除老粗翘皮、病疣、病斑;剪除病虫枝梢、清除残枝落叶;涂9281或强力轮纹净5~10倍液。蚜虫严重的果园喷1次40%蚜灭多乳油1 500倍液;涂药中可加入金源牌强渗助杀剂等。

• 3 月下旬至 4 月中下旬(开花前)

主要病害:轮纹病、腐烂病、白粉病等病害。

主要虫害:蚜虫、螨虫、蚧壳虫等越冬害虫。

强力轮纹净 30~50 倍液,5 波美度石硫合剂,20%粉锈宁乳油1 500倍液,25%灭幼脲 3 号1 500倍液,喷透大枝主干及病疤处,扒晒根颈检查防治烂根病。

• 5 月上中旬(花期)

主要病害:霉心病、轮纹病、斑点落叶病、苦痘病。

主要虫害:黄蚜、绵蚜、螨、潜夜蛾、卷叶蛾。

10%扑虱蚜可湿性粉剂3 000倍液;30%蛾螨灵1 500倍液+70%甲基托布津 800 倍液;1.5%多抗霉素 300~

500倍液或10％保丽安1 200倍液＋70％甲基托布津800倍液；氨钙宝或氨基酸钙或叶康400倍液；彻底清除荠菜等杂草；树上喷1～2次生命源或氨基酸复合微肥。

•**5月下旬至6月上旬(定果期)**

主要病害：霉心病、轮纹病、斑点落叶病、苦痘病。

主要虫害：潜夜蛾、桃小食心虫等鳞翅目害虫、黄蚜、棉蚜。

80％喷克或大生M-45 800倍液或50％扑海因可湿性粉剂1 000～1 500倍液；辛脲乳油或灭幼脲3号1 500倍液或蛾螨灵2 000倍液兼治害螨；40％蚜灭多乳油1 500倍液对苹果棉蚜有特效；灭幼脲3号杀桃小食心虫卵有特效。黄蚜一般不用专治。

•**6月中旬至7月上旬**

主要病害：轮纹病、斑点落叶病等果实及叶部病害。

主要虫害：黄蚜、棉铃虫、潜叶蛾、卷叶蛾、桃小食心虫等鳞翅目害虫。

富士落花后35～40 d套袋、金冠落花后10～15 d套袋。套袋果要在套袋前5 d喷1次甲基托布津800倍液或50％多菌灵600倍液，套袋后喷1次1：2：200倍波尔多液。齐螨素、辛脲乳油或灭幼脲类或阿维菌素或苏云金杆菌(Bt)等按说明喷。大生M-45或喷克800倍液，可与甲基多布津＋多抗霉素交替使用。全面套塑膜袋的苹果此后防病药剂只用波尔多液或绿乳铜即可，石灰用量不要超过2.5份。

•**7月中旬至8月上旬**

主要病害：轮纹病、斑点落叶病等果实及叶部病害。

主要虫害：食心虫、毛虫等鳞翅目害虫。

12％绿乳铜乳油600倍液或1：3：200倍波尔多液交

替喷 1 次喷克或大生 M-45 800倍液。斑点落叶病重的加喷 1 次 1.5％多抗霉素 300～500 倍液。灭幼脲 3 号或 Bt 或阿维菌素。甲基托布津、多菌灵对斑点落叶病无效,多抗霉素不要与波尔多液混合。

• **8 月中下旬**

主要病害:防治轮纹病、斑点落叶病等果实及叶部病害。

主要虫害:食心虫、毛虫等鳞翅目害虫。

12％绿乳铜乳油 600～800 倍液或 1：2.5：200 倍波尔多液与喷克或大生 M-45 800倍液交替喷。喷 1～2 次辛脲乳油或灭幼脲 3 号、Bt 或阿维菌素。30％蛾螨灵2 000倍液。可加害立平、生命源;6、7、8月共喷 3 次波尔多液。

• **9～10 月**

主要病害:轮纹病、斑点落叶病等果实及叶部病害。

主要虫害:食心虫、毛虫等鳞翅目害虫。

70％甲基托布津或多菌灵、多霉清 800～1 000倍液;绿乳铜 600～800 倍液或 1：3：200 倍波尔多液;甲基托布津 800 倍液加生命源或氨基酸(腐殖酸)类微肥;30％倍虫隆乳油1 500倍液;利用微膜套袋的可不必除袋。

• **采收后至落叶**

防治越冬虫害及病源。

(二)梨树病虫害周年防治历

• **2 月至次年 3 月初(1 休眠期)**

主要病害:梨树干腐病、腐烂病。

主要虫害:叶螨(红蜘蛛)、蚧壳虫。

落叶后清扫果园,枯枝落叶园外烧毁,或深埋;40％蚜

灭多乳油1 500倍液防治棉蚜。全树喷 1 次 100 倍索利巴尔
（含有3 000～5 000 倍的多硫化钡晶体）；剪除病枝、枯枝、
虫枝，刮除枝干粗皮、翘皮等；发芽前单喷 1 次 45％石硫合
剂晶体 40～60 倍杀灭越冬病虫。

• 3～4月上旬（芽萌动至花前）

主要病害：腐烂病、轮纹病、干腐病、黑星病、黑斑病、锈
病等。

主要虫害：梨木虱、黄粉蚜、红蜘蛛、白蜘蛛、蚧壳虫、梨
二叉蚜等。

继续刮粗皮、翘皮；涂抹白方甲托悬浮剂 300 倍治腐烂
病、干腐病等。发芽前选择温暖无风天，喷 3～5 波美度石
硫合剂或 50％代森胺 400 倍液 1 次，可以杀死病芽中潜伏
的菌丝，对减少病梢有一定作用。萌芽后开花前，喷 10％
世高水分散粒剂（苯醚甲环唑）3 000～5 000 倍＋10％吡虫
啉可湿粉剂2 000倍＋70％白方甲托 800 倍，杀灭在芽内越
冬的轮纹病、黑星病菌及梨二叉蚜，兼防锈病。

• 4月中下旬至 6 月上旬花后至套袋前（开花期至幼
果期）

主要病害：黑星病、轮纹病、黑点病为主，兼防黑斑病、
炭疽病、锈病等。

主要虫害：以梨木虱、黄粉蚜、绿盲蝽及蚧壳虫为主，兼
治梨二叉蚜、红蜘蛛、白蜘蛛等。

树下撒施 40.7％毒死蜱乳油拌土颗粒剂，亩用粒剂
1 000 g；或地面喷毒死蜱（日本福田生产）2 000倍液。谢花
2/3 时，喷施 1 次喷 10％世高水分散粒剂（苯醚甲环唑）
3 000～5 000 倍＋10％吡虫啉可湿粉剂2 000倍＋70％白
方甲托 800 倍，杀灭嫩梢内的黑星病菌和第 1 代梨木虱若
虫，并兼治锈病、螨类、蚜虫等。花后 7～10 d，连喷 2 次

10%世高水分散粒剂(苯醚甲环唑)3 000～5 000 倍＋10%吡虫啉可湿粉剂2 000倍＋70%白方甲托 800 倍。10 d 左右 1 次,防治黑星病、轮纹病、炭疽病,兼防锈病、黑斑病等。3、4 月中旬,黄粉蚜越冬卵孵化为若虫,至 6 月上旬,应及时喷药防治,防止其转移至果实上为害,以淋洗式喷雾效果最好。有效药剂有吡虫啉、啶硫威。

•5 月上旬至 5 月中旬

主要病害:黑星病、轮纹病、黑点病为主,兼防黑斑病、炭疽病、锈病等。

主要虫害:以梨木虱、黄粉蚜、绿盲蝽及蚧壳虫为主,兼治梨二叉蚜、红蜘蛛、白蜘蛛等。

是防治第 1 代梨木虱成虫的关键期,有效药剂为2.0%阿维菌素(阿维充满宁)3 000倍＋40.7%乳油毒死蜱(也称上令)1 500倍,兼治黄粉蚜、蚧壳虫等。

注意防治第 2 代梨木虱若虫及康氏粉蚧,防治药剂:2.0%阿维菌素3 000倍＋10%功夫(千雷)并可兼治绿盲蝽、黄粉蚜及各种螨类等。

套袋前,必须喷施 1 次冈生(80%代森锰锌可湿性粉剂)或帅生(70%丙森锌和多菌灵配成的可湿性粉剂)800倍液＋70%白方甲托 800 倍液＋40.7%乳油毒死蜱1 500倍液以防套袋果的黑点病等病害和黄粉蚜、蚧壳虫、绿盲蝽等,帅生既能杀菌又能补锌,花后使用最安全。

•6 月中旬至 8 月上旬(果实膨大期)

主要病害:以黑星病为主,兼防黑斑病、轮纹烂果病、炭疽病等。

主要虫害:以梨木虱、黄粉蚜为主,兼治蚧壳虫、绿盲蝽、红蜘蛛及白蜘蛛、棉铃虫等。

6 月中旬后,防病可连喷用 2 次 1∶(2～3)∶200 倍波尔多液,以降低防治成本,间隔期为15 d左右;杀虫剂视虫害配药,杀菌剂可选用烯唑醇、大生、冈生、帅生等,间隔期10 d左右。7月上中旬至8月上旬,需喷药防治康氏粉蚧第1代成虫和第2代若虫,常用药剂如上令(毒死蜱)乳油1 500倍液,梨木虱、黄粉蚜、绿盲蝽仍需防治2次左右。对梨木虱效果好的药剂阿维充满宁、吡虫啉等,对黄粉蚜效果好的药剂有吡虫啉、啶虫脒等,对绿盲蝽效果好的药剂有上令、氟铃脲、高效氯氰菊酯等。喷药时加入300倍尿素及300倍磷酸二氢钾,可增强树势,提高果品质量。

• 8月中旬至9月下旬采收前

主要病害:以黑星病为主,兼有黑斑病、轮纹烂果病。

主要虫害:黄粉虫、梨木虱、蚧壳虫。

以白方甲托、冈田甲托、冈生、帅生为主防治病害,7~10 d 1次,连喷3次左右。若有黑星病发生,则以10%世高水分散粒剂(苯醚甲环唑)等药剂为主治疗,然后加喷冈生、帅生等。

8月中下旬至9月上中旬,需喷药防治第2代梨圆蚧壳虫若虫和第3代康氏粉蚧若虫,有效药剂上令(毒死蜱)1 500倍。

若有黄粉虫或梨木虱发生,用阿维充满宁＋啶硫威防治。黑星病进入第2防治关键期,采收前10~15 d的杀菌剂必须按时喷用。

喷药时加入300倍尿素及300倍磷酸二氢钾,可增强树势,提高果品质量。不再使用波尔多液,以免污染果面。

(三)葡萄病虫害周年防治历

• 3月上旬休眠期(秋季或春季修剪后)

主要病害:葡萄白腐病、炭疽病、黑痘病、霜霉病等。

彻底清扫果园,将枯枝落叶等运出园外集中烧毁或深埋。喷3～5波美度石硫合剂,亦可喷大帮助(挪威进口的86.2%的氧化亚铜)2 000倍。

• **3月下旬至4月上旬(芽萌动期)**

主要病害:根癌病 炭疽病、白腐病、黑痘病、白粉病。

主要虫害:蚧壳虫和毛毡病(瘿螨)。

喷施3～5波美度石硫合剂加200倍五氯酚钠,或200倍福美胂粉剂,结合刮老皮进行药剂防治。

• **5月上、中旬(开花期)**

主要病害:黑痘病。

喷施石灰半量式的波尔多液(1∶0.5∶200)。

• **5月下旬至6月上旬(落花后)**

主要病害:葡萄白腐病、黑痘病、白粉病、炭疽病、霜霉病、灰霉病、穗轴褐枯病。

主要虫害:叶蝉类、蚧壳虫、绿盲蝽、螨类。

喷施1∶1∶200波尔多液或40%福美胂可湿性粉剂500倍,或50%退菌特可湿性粉剂800倍喷施,可把病害消灭在初发阶段。

• **6月下旬至7月上旬(幼果膨大期)**

主要病害:葡萄白腐病、黑痘病、白粉病、炭疽病、霜霉病、灰霉病、穗轴褐枯病。

主要虫害:叶蝉类、蚧壳虫、绿盲蝽、螨类。

喷施50%退菌特可湿性粉剂500～800倍加500倍百菌清,或50%多菌灵可湿性粉剂800～1 000倍,如果前期雨水较多,注意葡萄霜霉病的防治。

• **7月中、下旬(果实着色期)**

主要病害:葡萄白腐病、黑痘病、白粉病、炭疽病。

主要虫害:叶蝉类、蚧壳虫和螨类。

防治措施：喷施50％退菌特可湿性粉剂500～800倍加2.5％功夫乳油2 000～3 000倍。

·8～9月上、中旬(果实采收期)

主要病害：房枯病、锈病、叶斑病、裂果病、霜霉病等病害。

喷施1：1：200波尔多液，常用的杀菌剂，如多菌灵、百菌清、福美肿、退菌特等。

·9月下旬至10月份(采收后)

剪除挂在树上或掉在地上的病果，清除病叶、杂草。

(四)桃树病虫害周年防治历

·3月中下旬(休眠期)

主要病害：褐腐病、穿孔病、炭疽病、缩叶病、疮痂病、腐烂病。

主要虫害：螨类(红、白蜘蛛)。

越冬菌源刮除老翘皮，剪除病虫枝梢、清扫落叶、病虫果(含小僵果)、杂草集中烧毁或深埋。溃疡病斑用21％菌之敌(过氧乙酸水剂)5～10倍，或50％消菌灵(氯溴异氰尿酸)可溶性粉剂50倍加天达2116(复合氨基低聚糖农作物抗病增产剂)50倍混合涂患处。螨类用1.8％克螨克可溶性水剂5 000倍＋5％尼索朗(噻螨酮)乳油1 500倍，或20％螨死净悬浮剂1 200倍。

·4月上中旬(萌芽期)

主要病害：缩叶病。

主要虫害：蚜虫、红、白蜘蛛、桃一点叶蝉、潜叶蛾。

采用杀卵与杀成螨的药剂混用，可避免后期红、白蜘蛛泛滥。38％粮果丰(多福酮)可湿性超微粉600倍防缩叶病。此期防治蚜虫可用 10％吡虫啉 5 000 倍液、桃一点叶蝉用 40％上令(毒死蜱)乳剂 1 500 倍;潜叶蛾用 20％除虫脲悬浮剂 5 000 倍;红、白蜘蛛用 1.2％红白螨乐死乳油 2 000 倍＋20％螨死净悬浮剂 2 000 倍。

•4 月下旬至 5 月上旬(坐果及新梢生长始期)

主要病害:褐腐病、穿孔病、炭疽病、疮痂病。

主要虫害:棉铃虫、潜叶蛾、蚧壳虫、蚜虫。

75％猛杀生(美国杜邦公司生产、化学成分代森锰锌)干悬浮剂 800 倍加 20％啶虫脒可溶性粉剂 3 000 倍加 4.5％绿百事(美国富美实公司生产、化学成分高效氯氰菊酯)1 500 倍喷雾;72％农用链霉素可溶性粉剂 3 000 倍加 1.8％阿维菌素乳油 3 000 倍加硼钙宝 1 200 倍喷零。

•5 月中旬(幼果发育及新梢速长期)

主要病害:流胶病、褐腐病、穿孔病、疮痂病、炭疽病。

主要虫害:茶翅蝽、桃蛀螟、梨小食心虫、红蜘蛛、潜叶蛾、球坚蚧。

68.75％易保分散粒剂(美国杜邦公司生产,恶唑烷二酮与代森锰锌复配药)1 500 倍加 90％万灵粉(美国杜邦公司生产,氨基甲酸酯类农药)可溶性粉剂 3 000 倍加硼钙宝 1 200 倍喷雾;40％福星乳油(美国杜邦公司生产杀菌剂,主要成分氟硅唑)8 000 倍加 20％虫螨特可湿性粉剂 1 200 倍加硼钙宝 1 200 倍喷雾。流胶病 21％果腐康(腐殖酸与硫酸铜复配)10 倍,涂抹流胶处。

•5 月下旬至 6 月上旬(果熟果实膨大及新梢速长期)

主要病害:流胶病、褐腐病、穿孔病、疮痂病、炭疽病。

主要虫害:茶翅蝽、桃蛀螟、梨小食心虫、红蜘蛛、潜叶蛾、蚧壳虫。

套袋前用 75％ 治萎灵(主要成分多菌灵)可湿性粉剂

800 倍加 20％ 井冈霉素可湿性粉剂2 000 倍加 25％ 灭幼脲胶悬剂2 000 倍加 4％ 蚜虱速克乳油(4％吡虫啉·高效氯氰菊酯)2 000 倍加旱地龙(黄腐酸抗旱剂)1 500 倍,缺钙症硼钙宝6 000倍喷雾。

● **6 月中旬(早熟早实膨大及中熟果实硬核期)**

主要病害:褐腐病、穿孔病、炭疽病。

主要虫害:梨小食心虫、红蜘蛛、桃蛀螟、潜叶蛾、蚜虫、蚧壳虫。

果实、叶片、枝梢病害用 50％福美双可湿性粉剂(轮炭消)500 倍;梨小食心虫、椿象用 40％毒死蜱(上令)乳油1 500倍或 40％双灭铃胶悬剂(用辛硫磷、杀灭菊酯、灭多威混配)1 500倍;红、白蜘蛛用 20％阿维·辛乳油(采蛛)3 000倍＋20％虫螨特可湿性粉剂1 200倍;桃蚜用 3％吡虫清乳油(农不老)2 000倍。

● **6 月下旬至 7 月初(果实膨大及副梢生长)**

主要病害:褐腐病、穿孔病、炭疽病。

主要虫害:梨小食心虫、红蜘蛛、桃蛀螟、潜叶蛾、蚜虫、蚧壳虫。

果实、叶片、枝梢病害用 60％轮纹克星 500 倍或 50％多·锰锌(病立除)可湿性粉剂 600 倍。棉铃虫用 40％双灭铃胶悬剂1 500倍;潜叶蛾用 20％除虫脲(灭幼脲 1 号、敌灭灵)悬浮剂5 000倍;卷叶蛾、一点叶蝉用 40％毒死蜱(上令)乳油1 500倍;缺钙症用硼钙宝 600 倍。

● **7 月中旬至 8 月上旬(中熟果实膨大及花芽分化期)**

主要病害:褐腐病、穿孔病、炭疽病。

主要虫害:梨小食心虫、棉铃虫、桃蛀螟、红蜘蛛。

果实、叶片、枝梢病害用 60％轮星立克 800 倍。白蜘蛛重的园片选择齐螨素和尼索朗混用,卵螨皆杀。梨小食

心虫用 40％毒死蜱乳油（新农宝）1 500 倍。红、白蜘蛛用
20％阿维·辛乳油（采蛛）3 000 倍＋20％虫螨特可湿性粉
剂 1 200 倍。

·8 月中旬至 10 月上旬（晚熟品种成熟期）

主要病害：褐腐病、炭疽病。

主要虫害：潜叶蛾、梨小食心虫、桃蛀螟、叶蝉、蚱蝉。

50％果然好（植物调节剂）1 200 倍加 48％毒死蜱乳油
1 500 倍加 70％甲基托布津可湿性粉剂 1 200 倍喷雾。摘袋
后 2～3 d，10％世高水分散粒剂 3 000 倍加氨钙宝 600 倍
加天达 2116（复合氨基低聚糖农作物抗病增产剂）1 000 倍
专喷果。

四、北京都市农业果品卫生指标及果实品质的等级指标

表 1　无公害苹果果实的卫生指标　　　　mg/kg

项目	指标	项目	指标
砷	≤0.05*	敌敌畏	≤0.2
铅	≤0.1*	敌百虫	≤0.1
镉	≤0.03	乐果	≤1
汞	≤0.01	杀螟硫磷	≤0.5
氟	≤0.5	马拉硫磷	不得检出
铜	≤10	毒死蜱	≤1
六六六	≤10	辛硫磷	≤0.05
滴滴涕	≤0.5*	多菌灵	≤0.5
三唑酮	≤0.5*	抗蚜威	≤0.5
溴氰菊酯	≤0.1	克菌丹	≤5
氰戊菊酯	≤0.2	除虫脲	≤1
三氟氯氰菊酯	≤0.2	三唑锡	≤2
氯菊酯	≤2	双甲脒	≤0.5

表2　绿色苹果果实的卫生指标　　　　mg/kg

项目	指标	项目	指标
砷	≤0.05*	敌敌畏	≤0.2
铅	≤0.1*	敌百虫	≤0.1
镉	≤0.01	乐果	≤0.5
汞	≤0.01	杀螟硫磷	≤0.2
氟	≤0.5	倍硫磷	≤0.02
锌	≤5	马拉硫磷	不得检出
铬	≤0.5	对硫磷	不得检出
铜	≤10	甲拌磷	不得检出
六六六	≤0.05	多菌灵	≤0.5
滴滴涕	≤0.05*	粉锈宁	≤0.2
百菌清	≤1	亚硝酸盐	≤4
溴氰菊酯	≤0.1	二氧化硫	≤50
氰戊菊酯	≤0.1		

表3　苹果主要品种果实品质的等级指标

品种	果实硬度(kg)≥	特级			一级			二级		
		单果重(g)	可溶性固形物(%)≥	色泽(着色面积)(%)≥	单果重(g)	可溶性固形物(%)≥	色泽(着色面积)(%)≥	单果重(g)	可溶性固形物(%)≥	色泽(着色面积)(%)≥
工藤富士	8.0	300+	15.0	红色95	250+	14.0	红色80	200+	13.5	红色65
长富2号	8.0	300+	14.5	红色95	250+	14.0	红色80	200+	13.5	红色65

续表 3

品种	果实硬度(kg)≥	特级			一级			二级		
		单果重(g)	可溶性固形物(%)≥	色泽(着色面积)(%)≥	单果重(g)	可溶性固形物(%)≥	色泽(着色面积)(%)≥	单果重(g)	可溶性固形物(%)≥	色泽(着色面积)(%)≥
元帅系	8.0	300+	12.5	红色95	250+	12.0	红色85	200+	11.5	红色70
乔纳金系	8.0	300+	13.5	红色80	225+	13.0	红色70	175+	12.5	红色55
王林	6.5	275+	14.0	绿黄	225+	13.5	绿黄	175+	13.0	绿黄
金冠系	7.0	250+	13.5	绿黄	200+	13.0	绿黄	150+	12.5	绿黄
华冠	7.0	200+	14.0	鲜红90	175+	13.5	鲜红80	150+	12.5	鲜红65
嘎啦系	7.0	175+	14.5	红色80	150+	14.0	红色70	125+	13.5	红色55
国光	7.0	175+	14.0	红色70	150+	13.5	红色60	125+	13.0	红色50

表 4　无公害梨果实的卫生指标　　mg/kg

项目	指标	项目	指标
砷	≤0.05*	氯氰菊酯	≤2
铅	≤0.1*	三氟氯氰菊酯	≤0.2
镉	≤0.03	毒死蜱	≤1
汞	≤0.01	辛硫磷	≤0.05
溴氰菊酯	≤0.1	多菌灵	≤0.5

表 5   绿色梨果实的卫生指标　　　mg/kg

项目	指标	项目	指标
砷	≤0.05*	敌敌畏	≤0.2
铅	≤0.1*	敌百虫	≤0.1
镉	≤0.01	乐果	≤0.5
汞	≤0.01	杀螟硫磷	≤0.2
氟	≤0.5	倍硫磷	≤0.02
锌	≤5	马拉硫磷	不得检出
铬	≤0.5	对硫磷	不得检出
铜	≤10	甲拌磷	不得检出
六六六	≤0.05	多菌灵	≤0.5
滴滴涕	≤0.05*	粉锈宁	≤0.2
百菌清	≤1	亚硝酸盐	≤4
溴氰菊酯	≤0.1	二氧化硫	≤50
氰戊菊酯	≤0.2		

表 6   梨主要品种果实品质的等级指标

品种	果实硬度(kg)≥	特级			一级			二级		
		单果重(g)	可溶性固形物(%)≥	色泽(着色面积)(%)≥	单果重(g)	可溶性固形物(%)≥	色泽(着色面积)(%)≥	单果重(g)	可溶性固形物(%)≥	色泽(着色面积)(%)≥
鸭梨	5.5	225+	12.0	黄白	175+	11.5	黄白	125+	11.0	黄白
雪花梨	7.0	400+	13.0	黄绿	350+	12.5	黄绿	300+	12.0	黄绿
酥梨	5.5	300+	12.5	黄白	250+	12.0	黄白	200+	11.5	黄白
秋白梨	11.0	175+	12.0	绿黄	150+	11.5	绿黄	125+	11.0	绿黄
早酥梨	.7.5	300+	11.5	黄白	250+	11.0	黄白	200+	10.5	黄白

品种	果实硬度(kg)≥	特级			一级			二级		
		单果重(g)	可溶性固形物(%)≥	色泽(着色面积)(%)≥	单果重(g)	可溶性固形物(%)≥	色泽(着色面积)(%)≥	单果重(g)	可溶性固形物(%)≥	色泽(着色面积)(%)≥
红香酥	15.0	225+	13.5	红晕20	200+	13.0	红晕10	175+	12.5	绿黄
黄金梨	6.0	325+	13.5	黄白	275+	13.0	黄白	225+	12.5	黄白
丰水	5.0	350+	13.0	黄褐	300+	12.5	黄褐	250+	12.0	黄褐
圆黄	7.0	350+	13.5	黄褐	300+	13.0	黄褐	250+	12.5	黄褐
华山	7.0	350+	13.0	黄褐	300+	12.5	黄褐	250+	12.0	黄褐
新高	8.0	350+	13.5	黄褐	300+	13.0	黄褐	250+	12.5	黄褐
新世纪	6.0	250+	12.0	黄白	225+	11.5	黄白	200+	11.0	黄白
爱甘水	7.0	300+	13.5	黄褐	250+	13.0	黄褐	200+	12.5	黄褐
绿宝石	6.0	350+	12.5	黄白	300+	12.0	黄白	250+	11.5	黄白
黄冠	6.0	300+	12.5	黄白	250+	12.0	黄白	200+	11.5	黄白
京白梨	6.0	150+	14.0	黄绿	125+	13.5	黄绿	100+	13.0	黄绿
鸭广梨	6.0	200+	13.0	黄绿	175+	12.5	黄绿	125+	12.0	黄绿
巴梨	9.0	250+	14.0	黄绿	225+	13.5	黄绿	200+	13.0	黄绿
早红考密斯	7.0	200+	14.5	紫红	175+	14.0	紫红	150+	13.5	紫红
康佛伦斯	7.0	225+	14.5	黄绿	200+	14.0	黄绿	175+	13.5	黄绿
五九香	5.0	350+	13.0	黄绿	300+	12.5	黄绿	250+	12.0	黄绿
八月红	10.0	300	12.5	红色50	250	12.0	红色30	200	11.5	黄绿

表7　无公害桃果实的卫生指标　　mg/kg

项目	指标	项目	指标
砷	≤0.05*	氯氰菊酯	≤2
铅	≤0.1*	氰戊菊酯	≤0.2
镉	≤0.03	敌敌畏	≤0.2
百菌清	≤1	乐果	≤1
溴氰菊酯	≤0.1	毒死蜱	≤1

表8　绿色桃果实的卫生指标　　mg/kg

项目	指标	项目	指标
砷	≤0.2*	敌敌畏	≤0.2
铅	≤0.1*	敌百虫	≤0.1
镉	≤0.01	乐果	≤0.5
汞	≤0.01	杀螟硫磷	≤0.2
氟	≤0.5	倍硫磷	≤0.02
锌	≤5	马拉硫磷	不得检出
铬	≤0.5	对硫磷	不得检出
铜	≤10	甲拌磷	不得检出
六六六	≤0.05	多菌灵	≤0.5
滴滴涕	≤0.05*	粉锈宁	≤0.2
百菌清	≤1	亚硝酸盐	≤4
溴氰菊酯	≤0.1	二氧化硫	≤50
氰戊菊酯	≤0.2		

表9 桃主要品种果实品质的等级指标

品种	色泽	特级		一级		二级	
		单果重 (g)	可溶性固形物 (%) ≥	单果重 (g)	可溶性固形物 (%) ≥	单果重 (g)	可溶性固形物 (%) ≥
早丰	全面粉红	150+	12.0	100+	11.5	75+	11.0
庆丰	红晕，条红	175	12.0	150+	11.5	125+	11.0
大久保	全面粉红	350+	12.5	300+	12.0	250+	11.5
京玉	红晕，条红	275+	12.0	25+	11.5	200+	11.0
八月脆	全面粉红	400+	11.0	350+	10.5	300+	10.0
燕红	全面粉红	350+	13.5	300+	13.0	250+	12.5
京艳	全面粉红	325+	11.5	275+	11.0	225+	10.5
艳丰1号	全面粉红	350+	12.0	300+	11.5	250+	11.0
晚蜜	全面粉红	275+	14.0	225+	13.5	200+	13.0
早玉	全面粉红	250+	12.0	200+	11.5	175+	11.0
华玉	全面粉红	350+	12.5	300+	12.0	250+	11.5

品种	色泽	特级		一级		二级	
		单果重 (g)	可溶性固形物 (%) ≥	单果重 (g)	可溶性固形物 (%) ≥	单果重 (g)	可溶性固形物 (%) ≥
瑞光 5 号	全面粉红	200+	11.0	175+	10.5	150+	10.0
瑞光 18 号	全面粉红	250+	12.0	200+	11.5	150+	11.0
瑞光 27 号	全面粉红	225+	11.5	175+	11.0	150+	10.5
瑞光 28 号	全面粉红	300+	12.0	250+	11.5	200+	11.0
早露蟠	红晕	125+	10.5	100+	10.0	75+	9.5
瑞蟠 2 号	全面粉红	175+	11.5	150+	11.0	125+	10.5
瑞蟠 3 号	全面粉红	225+	12.0	200+	11.5	175+	11.0
瑞蟠 4 号	全面粉红	275+	13.5	225+	13.0	200+	12.5
瑞蟠 5 号	全面粉红	225+	11.5	175+	11.0	150+	10.5
碧霞蟠桃	全面粉红	200+	14.5	175+	14.0	150+	13.5

表 10 无公害葡萄果实的卫生指标 mg/kg

项目	指标	项目	指标
砷	≤0.05*	氯氰菊酯	≤2.0
铅	≤0.2*	敌敌畏	≤0.2
镉	≤0.03	乐果	≤1.0
百菌清	≤0.5	多菌灵	≤0.5
三唑酮	≤0.2	甲霜灵	≤1.0
溴氰菊酯	≤0.1*		

表 11 绿色葡萄果实的卫生指标 mg/kg

项目	指标	项目	指标
砷	≤0.05*	敌敌畏	≤0.2
铅	≤0.2*	敌百虫	≤0.1
镉	≤0.01	乐果	≤0.5
汞	≤0.01	杀螟硫磷	≤0.2
氟	≤0.5	倍硫磷	≤0.02
锌	≤5.0	马拉硫磷	不得检出
铬	≤0.5	对硫磷	不得检出
铜	≤10.0	甲拌磷	不得检出
六六六	≤0.05	多菌灵	≤0.5
滴滴涕	≤0.05*	粉锈宁	≤0.2
百菌清	≤0.5	亚硝酸盐	≤4
溴氰菊酯	≤0.1	二氧化硫	≤50
氰戊菊酯	≤0.2		

表 12　北京地区葡萄主要品种果实理化指标

品种	穗重（kg）			平均单粒重（g）≥			可溶性固形物含量（%）≥		
	特级	一级	二级	特级	一级	二级	特级	一级	二级
玫瑰香	0.30～0.40	0.20～0.30	0.20～0.30	5.5	4.5	3.5	18.0	17.0	16.0
红地球	0.60～0.80	0.50～0.60	0.40～0.50	12.0	10.0	8.0	17.0	16.0	15.0
巨峰	0.40～0.50	0.30～0.40	0.20～0.30	12.0	10.0	9.0	17.0	16.0	15.0
京秀	0.50～0.60	0.40～0.50	0.30～0.40	8.0	7.0	6.0	16.0	15.0	14.0
京亚	0.40～0.50	0.30～0.40	0.20～0.30	11.0	10.0	9.0	16.0	15.0	14.0
里扎马特	0.60～0.80	0.50～0.60	0.40～0.50	12.0	10.0	8.0	15.0	14.0	13.0
秋黑	0.50～0.60	0.40～0.50	0.30～0.40	8.5	7.5	6.5	16.5	15.5	14.5
黑奥林	0.40～0.50	0.30～0.40	0.20～0.30	12.0	10.0	9.0	17.0	16.0	15.0
美人指	0.60～0.80	0.50～0.60	0.30～0.40	12.0	10.0	8.0	16.5	15.5	14.0
意大利	0.45～0.55	0.35～0.45	0.25～0.35	8.5	7.5	6.5	18.0	17.0	16.0
87-1	0.50～0.60	0.40～0.50	0.30～0.40	7.5	6.5	5.5	16.0	15.0	14.0
奥古斯特	0.30～0.40	0.40～0.50	0.30～0.40	8.0	7.0	6.0	17.0	16.0	15.0
维多利亚	0.50～0.60	0.40～0.50	0.30～0.40	10.0	9.0	8.0	17.0	16.0	15.0

表 13　无公害樱桃果实的卫生指标　　　mg/kg

项目	指标	项目	指标
砷	≤0.05*	氰戊菊酯	≤0.2
铅	≤0.2*	三氟氯氰菊酯	≤0.2
镉	≤0.03	敌敌畏	≤0.2
百菌清	≤1.0	乐果	≤1.0
溴氰菊酯	≤0.1	毒死蜱	≤1.0
氯氰菊酯	≤2.0		

表 14　绿色樱桃果实的卫生指标　　　mg/kg

项目	指标	项目	指标
砷	≤0.05*	敌敌畏	≤0.2
铅	≤0.2*	敌百虫	≤0.1
镉	≤0.01	乐果	≤0.5
汞	≤0.01	杀螟硫磷	≤0.2
氟	≤0.5	倍硫磷	≤0.02
锌	≤5.0	马拉硫磷	不得检出
铬	≤0.5	对硫磷	不得检出
铜	≤10.0	甲拌磷	不得检出
六六六	≤0.05	多菌灵	≤0.5
滴滴涕	≤0.05*	粉锈宁	≤0.2
百菌清	≤1.0	亚硝酸盐	≤4
溴氰菊酯	≤0.1	二氧化硫	≤50
氰戊菊酯	≤0.2		

表 15　北京地区樱桃主要品种果实理化指标

品种	硬度 kg	平均横径(mm)≥			单果重(g)≥			可溶性固形物含量(%)≥		
		特级	一级	二级	特级	一级	二级	特级	一级	二级
红灯	0.15	26.5	25.0	23.5	9.0	7.5	6.0	16	14	12
红艳	0.12	25.5	24.0	22.5	8.0	6.5	5.0	18	16	14
红蜜	0.12	23.0	21.5	20.0	7.0	5.5	4.0	18	16	14
雷尼	0.13	27.5	26.0	24.5	9.0	7.5	6.0	17	15	13
先锋	0.15	27.0	25.5	24.0	9.0	7.5	6.0	17	15	13

表 16　无公害杏果实的卫生指标　　　　mg/kg

项目	指标	项目	指标
砷	≤0.05*	氰戊菊酯	≤0.2
铅	≤0.2*	三氟氯氰菊酯	≤0.2
镉	≤0.03	敌敌畏	≤0.2
百菌清	≤1.0	乐果	≤1.0
溴氰菊酯	≤0.1	毒死蜱	≤1.0
氯氰菊酯	≤2.0		

表 17　绿色杏果实的卫生指标　　　mg/kg

项目	指标	项目	指标
砷	≤0.05*	敌敌畏	≤0.2
铅	≤0.2*	敌百虫	≤0.1
镉	≤0.01	乐果	≤0.5
汞	≤0.01	杀螟硫磷	≤0.2
氟	≤0.5	倍硫磷	≤0.02
锌	≤5.0	马拉硫磷	不得检出
铬	≤0.5	对硫磷	不得检出
铜	≤10	甲拌磷	不得检出
六六六	≤0.05	多菌灵	≤0.5
滴滴涕	≤0.05*	粉锈宁	≤0.2
百菌清	≤1	亚硝酸盐	≤4
溴氰菊酯	≤0.1	二氧化硫	≤50
氰戊菊酯	≤0.2		

表 18　北京地区杏主要品种果实理化指标

品种	特级			一级			二级		
	单果重(g)	可溶性固形物(%)≥	总酸量(%)≤	单果重(g)	可溶性固形物(%)≥	总酸量(%)≤	单果重(g)	可溶性固形物(%)≥	总酸量(%)≤
骆驼黄	55+	11.0	1.30	50+	10.5	1.03	45+	10.0	1.40
红金榛	90+	13.0	1.50	80+	12.0	1.50	70+	11.0	1.55
大偏头	80+	13.0	1.12	75+	12.0	1.30	70+	10.5	1.40
串枝红	65+	10.0	1.52	60+	10.0	1.60	55+	9.5	1.65
杨继元	60+	12.0	1.40	55+	11.1	1.50	50+	10.6	1.55

品种	特级			一级			二级		
	单果重（g）	可溶性固形物（%）≥	总酸量（%）≤	单果重（g）	可溶性固形物（%）≥	总酸量（%）≤	单果重（g）	可溶性固形物（%）≥	总酸量（%）≤
红荷包	55＋	13.0	1.83	50＋	11.5	1.83	45＋	10.0	1.85
红玉	70＋	13.5	2.20	65＋	12.5	2.20	60＋	10.5	2.20
青蜜沙	60＋	15.8	1.35	55＋	15.0	1.35	50＋	14.0	1.40
银白杏	80＋	12.0	1.40	70＋	11.0	1.40	60＋	10.0	1.40
北寨红	60＋	14.0	1.50	55＋	13.0	1.50	50＋	12.0	1.50
葫芦杏	95＋	12.5	1.30	90＋	12.0	1.30	85＋	11.5	1.35
西农25	40＋	13.0	1.10	35＋	12.5	1.20	35＋	12.0	1.30
水晶杏	50＋	12.0	1.30	45＋	11.5	1.40	40＋	11.0	1.40
大玉巴达	70＋	13.5	1.33	60＋	12.7	1.80	55＋	12.0	2.30
金玉杏	55＋	13.5	1.40	45＋	13.0	1.45	40＋	12.5	1.50
火村红杏	45＋	15.0	1.35	40＋	14.0	1.40	35＋	13.0	1.40
金太阳	75＋	15.5	1.05	65＋	14.5	1.10	60＋	13.5	1.15
凯特	70＋	13.5	1.95	60＋	12.0	2.04	55＋	10.0	2.20
蜜陀罗	80＋	15.0	1.35	70＋	14.0	1.40	60＋	13.0	1.45

表 19　无公害柿果实的卫生指标　　　　mg/kg

项目	指标	项目	指标
铅	≤0.2*	敌敌畏	≤0.2
镉	≤0.03	乐果	≤1.0
溴氰菊酯	≤0.1	毒死蜱	≤0.5
氰戊菊酯	≤0.2		

表 20　绿色柿果实的卫生指标　　　　mg/kg

项目	指标	项目	指标
砷	≤0.05*	敌敌畏	≤0.2
铅	≤0.2*	敌百虫	≤0.1
镉	≤0.01	乐果	≤0.5
汞	≤0.01	杀螟硫磷	≤0.2
氟	≤0.5	倍硫磷	≤0.02
锌	≤5.0	马拉硫磷	不得检出
铬	≤0.5	对硫磷	不得检出
铜	≤10	甲拌磷	不得检出
六六六	≤0.05	多菌灵	≤0.5
滴滴涕	≤0.05*	粉锈宁	≤0.2
百菌清	≤1	亚硝酸盐	≤4
溴氰菊酯	≤0.1	二氧化硫	≤50
氰戊菊酯	≤0.2		

表 21　国家食品卫生标准中部分水果的污染物、农药残留限量

mg/kg

项目	最大残留量	适用的水果种类	依据
铅	0.1/0.2/0.2/0.2*	水果/小水果/浆果/葡萄	GB 2762—2005
镉	0.05	水果	GB 2762—2005
砷	0.05*	水果	GB 2762—2005
汞	0.01	水果	GB 2762—2005
氟	0.5	水果	GB 2762—2005
铬	0.5	水果	GB 2762—2005
六六六	0.05	水果	GB 2763—2005
滴滴涕	0.05	水果	GB 2763—2005

项目	最大残留量	适用的 水果种类	依据
百菌清	1.0/0.5	梨果/葡萄	GB 2763—2005
三唑酮	0.5*	梨果	GB 2763—2005
溴氰菊酯	0.1	梨果	GB 2763—2005
氯氰菊酯	2.0	梨果	GB 2763—2005
氰戊菊酯	0.2	水果	GB 2763—2005
三氟氯氰菊酯	0.2	梨果	GB 2763—2005
氯菊酯	2.0	苹果	GB 2763—2005
敌敌畏	0.2	水果	GB 2763—2005
敌百虫	0.1	水果	GB 2763—2005
乐果	1.0/2.0	梨果/核果	GB 2763—2005
杀螟硫磷	0.5	水果	GB 2763—2005
倍硫磷	0.05	水果	GB 2763—2005
马拉硫磷	2.0/6.0/8.0	梨果/核果/葡萄	GB 2763—2005
对硫磷	0.01	水果	GB 2763—2005
毒死蜱	1.0	梨果	GB 2763—2005
辛硫磷	0.05	水果	GB 2763—2005
多菌灵	3.0/3.0/0.5	梨果/葡萄/其他	GB 2763—2005
甲霜灵	1.0	葡萄	GB 2763—2005
抗蚜威	0.5	核果	GB 2763—2005
克菌丹	15.0	梨果	GB 2763—2005
除虫脲	1.0	梨果	GB 2763—2005
三唑锡	2.0	梨果	GB 2763—2005
双甲脒	0.5	梨果	GB 2763—2005

注:表1至表10中标有 * 指标参考 GB 2762—2005《食品中污染物限量》,其他指标参考北京市果品安全工作会议材料,《北京市地方果品标准》(北京市农林科学院林业果树研究所、农业部果品及苗木质量监督检验检测中心起草)。

参 考 文 献

1. 陈利锋. 农业植物病理学. 北京:中国农业出版社,2001.

2. 徐树清. 植物病理学. 北京:中国农业出版社,1993.

3. 罗耀光. 果树病虫害防治学(各论). 北京:中国农业出版社,1994.

4. 钱学聪. 农业昆虫学. 北京:中国农业出版社,1993.

5. 朱伟生. 南方果树病虫害防治手册. 北京:中国农业出版社,1994.

6. 吕佩珂. 中国果树病虫原色图谱. 北京:华夏出版社,1993.

7. 王士元. 作物保护学各论. 北京:中国农业出版社,1996.

8. 赖传雅. 农业植物病理学(华南本). 北京:科学出版社,2003.

9. 中国农科院植物保护研究所. 中国农作物病虫害.2版.上册. 北京:中国农业出版社,1995.

10. 丁锦华,苏建亚,等. 农业昆虫学(南方本). 北京:中国农业出版社,2001.

11. 陈利锋,徐敬友,等. 农业植物病理学(南方本). 北京:中国农业出版社,2001.

12. 王久兴,孙成印,等. 蔬菜病虫害诊治原色图谱(豆类分册). 北京:科学技术文献出版社,2004.

13. 王久兴,孙成印,等. 蔬菜病虫害诊治原色图谱(葱蒜类分册).北京:科学技术文献出版社,2004.

14. 郑建秋.现代蔬菜病虫鉴别与防治手册(全彩版).北京:中国农业出版社,2004.

15. 孙广宇,宗兆锋.植物病理学实验技术.北京:中国农业出版社,2002.

16. 中国农业科学研究院果树研究所,中国农业科学研究院柑橘研究所.中国果树病虫志.北京:中国农业出版社,1992.

17. 汪景彦.苹果无公害生产技术.北京:中国农业出版社,2003.

18. 曹玉芬,聂继云.梨无公害生产技术.北京:中国农业出版社,2003.

19. 张友军,吴青君,芮昌辉,等.农药无公害使用指南.北京:中国农业出版社,2003.

20. 邱强.原色苹果病虫害综合治理.北京:中国科学技术出版社,1996.

21. 邱强,张默,马思友.原色梨树病虫图谱.北京:中国科学技术出版社,2001.

22. 邱强.原色葡萄病虫图谱.北京:中国科技技术出版社,1994.

23. 邱强.原色桃、李、梅、杏、樱桃病虫图谱.北京:中国科技技术出版社,1994.

24. 邱强.原色枣、山楂、板栗、柿、核桃、石榴病虫图谱.北京:中国科学技术出版社,1996.

25. 冯明祥,王国平.苹果、梨、山楂病虫害诊断与防治原色图谱.北京:金盾出版社,2003.

26. 曹子刚.北方果树病虫害防治.北京:中国农业出版社,1995.

27. 康克功.冬枣无公害栽培实用技术问答.陕西杨凌:西北农林科技大学出版社,2004.

28. 康克功.枣树周年管理新技术.陕西杨凌:西北农林科技大学出版社,2004.

29. 邓振义.经济林无公害生产新技术-核桃.:陕西杨凌:西北农林科技大学出版社.2004.

30. 李清西,钱学聪.植物保护.北京:中国农业出版社.1995.

31. 张随榜.有害生物防治.西安:西安地图出版社,2004.

32. 费显伟.园艺植物病虫害防治.北京:高等教育出版社,2005.

33. 赖传雅.农业植物病理学(华南本).北京:科学出版社,2003.

34. 中国农科院植物保护研究所.中国农作物病虫害.2版.上册.北京:中国农业出版社,1995.

35. 郑建秋.现代蔬菜病虫鉴别与防治手册(全彩版).北京:中国农业出版社,2004.

参考文献